高效驱油化学剂设计与评价

Design and Evaluation of High-Efficiency Oil Displacement Chemicals

祝仰文　窦立霞　季岩峰　曹绪龙　徐　辉　潘斌林　编著

U0263555

科 学 出 版 社

北 京

内 容 简 介

随着聚合物驱和聚合物/表面活性剂二元复合驱技术在油田的推广应用，以及所应用的油藏条件日益严苛，对聚合物和表面活性剂的耐温抗盐等性能的要求也日益增加，单纯通过增加聚合物分子量和调整表面活性剂配方已难以满足高温高矿化度油藏的开采需求。本书从分子模拟技术在驱油剂设计中的应用出发，重点介绍如何利用分子模拟技术对新型表面活性剂和驱油用聚合物进行设计合成，最后对表面活性剂和聚合物的新评价方法进行介绍。

本书可作为高等院校相关专业的教学参考书，对从事油气田开发的科研人员、教师及研究生具有一定的学习参考价值。

图书在版编目(CIP)数据

高效驱油化学剂设计与评价=Design and Evaluation of High-Efficiency Oil Displacement Chemicals / 祝仰文等编著. —北京：科学出版社，2021.8

ISBN 978-7-03-067104-2

Ⅰ. ①高… Ⅱ. ①祝… Ⅲ. ①化学驱油-研究 Ⅳ. ①TE357.46

中国版本图书馆CIP数据核字(2020)第239595号

责任编辑：耿建业 冯晓利 / 责任校对：杨 赛
责任印制：吴兆东 / 封面设计：无极书装

科 学 出 版 社 出版
北京东黄城根北街 16 号
邮政编码：100717
http://www.sciencep.com

北京中石油彩色印刷有限责任公司 印刷
科学出版社发行 各地新华书店经销
*
2021 年 8 月第 一 版 开本：720×1000 1/16
2021 年 8 月第一次印刷 印张：11 1/2
字数：230 000
定价：120.00 元

前　　言

随着工业的发展，世界对能源的需求日益增加。相比于太阳能、风能等其他能源，石油、天然气作为战略物资，在能源供应方面发挥着更加重要的作用。然而近年来，由于石油开采技术水平的限制，我国石油的平均采收率仅为35%左右，并且对进口石油资源的需求越来越大，导致国家经济和能源安全将面临巨大的挑战。2019年，我国原油进口量超过5亿t，同比增长9.5%，石油对外依存度上升至72%。化学复合驱油技术是20世纪80年代中期出现的一种三次采油技术，在油田得到广泛应用。其中以聚合物驱和聚合物/表面活性剂二元复合驱技术相对较为成熟，在我国东部大油田已进入工业化应用，而且呈逐年递增的趋势。有关提高采收率的研究表明，全球提高采收率项目有11%是关于化学驱的。在化学驱提高采收率技术中，聚合物驱所占比例超过77%，另外23%是聚合物/表面活性剂二元复合驱。聚合物驱和二元复合驱是相对经济有效、可持续发展的、提高采收率的新技术，对我国石油工业和国民经济具有重大战略意义。

聚合物驱通过向水相中加入聚合物，增加水的黏度，降低水油流度比，同时降低水的相对渗透率，实现吸水剖面的调整，提高水相波及体积。二元复合驱是利用聚合物与表面活性剂的协同作用，在利用聚合物的黏弹性提高波及系数的同时，利用表面活性剂降低油水界面张力的能力，提高洗油效率，进一步提高采收率。目前，中国石化化学驱Ⅰ类和Ⅱ类油藏已基本动用，Ⅲ类高温高盐油藏是下一步攻关的重要阵地，聚合物驱和二元复合驱应用的油藏条件越来越苛刻，常规聚合物耐温抗盐能力差的问题开始暴露，并且表面活性剂在该类油藏条件下也容易产生沉淀，使得界面活性大幅度降低，极大地约束了高温高盐油藏下聚合物驱和二元复合驱的应用。因此，如何研发出适用于Ⅲ类高温高盐油藏的聚合物和表面活性剂成为目前的关键问题。

本书从分子结构设计出发，研究了不同功能型聚合物分子结构对水溶性、增黏性、稳定性等性能的影响，探讨了引入不同官能团的合成方法和表征手段。通过对该部分内容的阐述，为表面活性剂和聚合物的研发提供设计思路。

两性表面活性剂具有超低的界面张力、良好的水溶性、较强的耐温抗盐能力，是目前油田常用的表面活性剂。本书从两性表面活性剂的分子结构设计出发，研究了应用广泛的羧酸盐型和磺酸盐型两性表面活性剂的分子结构对水溶性、降低界面张力能力、热稳定性等性能的影响，并探讨了不同官能团合成方法的优缺点。

目前对聚合物质量的控制是以表观黏度为主的质量控制体系，但是随着新型聚合物在合成过程中引入一些耐温抗盐单体和缔合单体，表观黏度高的聚合物驱油效果不一定好，并且目前对表面活性剂质量的控制以测试表面活性剂溶液和原油的界面张力为主，但是研究发现，表面活性剂溶液和原油的界面张力越低并不一定代表洗油效率越高。因此，针对目前评价方法存在的问题，本书对表面活性剂和聚合物的新性能评价方法进行了介绍。

　　本书是作者多年从事化学驱中驱油剂分子设计合成与评价工作的成果总结，具有很强的实际应用价值，反映了当前化学驱用聚合物表面活性剂的最新成果和研究水平，对从事油田化学剂研制与成果转化应用及性能评价的工作人员具有重要的参考价值。

　　由于作者学识有限，书中难免存在瑕疵，敬请读者批评指正。

编　者

2021 年 7 月

目　　录

第一章 绪 论

目前，我国面临着能源短缺与大量石油资源未能高效开发的突出问题。由于技术水平的制约，平均采收率不到 35%。据预测，采用现有的开采技术，到 2025 年，我国石油对外依存度高达 70%~80%，面临着重大的经济和国家能源安全问题。因此，开发和应用经济有效、可持续发展的、提高采收率的新技术，对我国石油工业和国民经济具有重大战略意义。

提高采收率途径主要有两个：一是扩大波及系数；二是提高洗油效率。化学驱油体系中发挥提高波及系数作用的主要是聚合物，提高洗油效率的是表面活性剂。常用的驱油用聚合物有两大类，分别是部分水解聚丙烯酰胺(HPAM)和生物聚合物黄胞胶(XC)，由于黄胞胶的生物稳定性较差、价格昂贵且弹性较差等，矿场应用的主要是部分水解聚丙烯酰胺。常用的驱油用表面活性剂主要是阴离子的石油磺酸盐型和非离子的表面活性剂复配，从而降低界面张力(IFT)，提高洗油效率。

目前，在化学驱系列技术中，以聚合物驱和二元复合驱技术相对较为成熟，在我国东部大油田已进入工业化应用，而且呈逐年递增的趋势，因此，聚合物驱和二元复合驱在我国有很大的发展潜力。

目前，油田常用的常规聚丙烯酰胺驱油剂普遍具有水溶性好、增黏性强、黏弹性大、注入性好、驱油性能优异、价格低廉等优点，在中国石油化工集团有限公司Ⅰ类和Ⅱ类油藏条件下得到了大规模的工业化推广和应用。然而随着聚合物驱在Ⅲ类油藏开采的进一步深入，其耐温性差、抗钙和镁离子能力差、高温高盐下黏度保留率低的缺点逐渐凸显，极大地制约了聚合物驱技术在高温高盐油藏矿场的应用。若要大幅度提高原油的采收率，聚合物的研发显得日益紧迫，但单纯地依靠增加聚合物的分子量来改善其性能的办法已显得捉襟见肘，因此如何对驱油聚合物的结构进行重新设计，研发适用于中国石油化工集团有限公司Ⅲ类油藏耐温抗盐的驱油聚合物成为亟待解决的关键问题。

现在油田使用的表面活性剂主要是阴非复配型表面活性剂，相比单一的阴离子石油磺酸盐型的表面活性剂，复配后的表面活性剂具有超低的界面张力，洗油效率更高，提高采收率的效果更好。但随着应用范围的不断扩大，阴非复配型表面活性剂也表现出明显的缺点：首先，一种阴非复配表面活性剂的配方无法适应多个油藏区块，当地下原油的黏度和成分发生改变时，需要针对不同区块的地下原油对配方进行重新调整，工作量较大；其次，随着二元复合驱油藏温度越来高，矿化度越来越大，阴非复配型表面活化剂在这种油藏条件下容易出现沉淀，界面活性大幅度降低。因此如何更好地对驱油用表面活性剂的结构进行设计，以提高表面活性剂的适用范围和耐温抗盐性成为目前研究的重点和难点。

随着聚合物驱和二元复合驱在油田应用规模的不断扩大，对聚合物和表面活性剂质量的控制成为化学驱在矿场取得较好应用效果的关键。目前，对聚合物质量的控制是以表观黏度为主的质量控制体系，但是随着新型聚合物在合成过程中引入一些耐温抗盐单体和缔合单体，表观黏度高的聚合物驱油效果不一定好，因此如何引入新的评价方法准确评价聚合物的驱油性能，从而更好地对聚合物的质量进行控制成为急切需要解决的问题。目前对表面活性剂质量的控制以测试表面活性剂和原油的界面张力为主，但是研究发现，表面活性剂和原油的界面张力越低并不一定代表洗油效率越高，因此如何更客观和准确地对表面活性剂的洗油效率进行评价也成为当前研究的热点。

针对以上的问题，本书首先探讨分子模拟技术在驱油剂设计中的应用，然后重点介绍如何利用分子模拟技术对新型表面活性剂和驱油用聚合物进行设计合成，最后对表面活性剂和聚合物的新评价方法进行介绍。通过以上的研究希望对高效驱油剂设计合成和评价提供一定的思路和方法，更好地实现化学驱技术在高温高盐油藏的应用，进一步提高原油采收率。

第二章　驱油用表面活性剂设计与合成

　　两性表面活性剂是表面活性剂中开发较晚、品种和数量最少，但却发展最快的类别。1937 年美国专利才见有此类物质的首次报道。20 世纪 40 年代，德国首次实现了氨基酸型两性表面活性剂的商品化；截至目前，全世界两性表面活性剂的品种已不下数百种。据资料统计，美国、日本、西欧的表面活性剂品种中，以两性表面活性剂发展最快，20 世纪 80 年代，美国就生产了 20 多种两性表面活性剂商品。20 世纪 80 年代末期，美国的两性表面活性剂以 5%～6% 的年增长率增长，远远超过了当时工业表面活性剂 2% 的年平均增长率。日本的两性表面活性剂在 20 世纪 80 年代初产量翻倍，到了 80 年代末期，则以 35% 的年增长率递增，总产量达 1.9 万 t，占当年表面活性剂生产总量的 1.9%，其品种数达到 176 种，占表面活性剂总数的 9.5%。20 世纪 90 年代以来，两性表面活性剂仍在平稳发展，发达国家的两性表面活性剂的产量占表面活性剂总产量的 2%～3%，目前日本两性表面活性剂的品种数为 200 种左右。

　　我国两性表面活性剂的起步较晚，从 20 世纪 70 年代才开始研究，发展缓慢，远远落后于其他发达国家的发展水平。到 80 年代后期，仍长期维持三大系列四品种的老局面。据统计，1988 年我国两性表面活性剂产量只有 1kt，约占当年我国表面活性剂总产量的 1.2%，品种数约占当年表面活性剂品种总数的 1.5%。90 年代中期，我国两性表面活性剂的生产情况有所改观，但形成商品的品种只有 40～50 种，且真正在市场上行销量较大的只有 10 种左右。近年来，国内两性表面活性剂的总产量一直呈上升趋势，据不完全统计，从 1988 年的 1kt 左右，上升到 1995 年的 4.5kt 左右，期间以 24% 的年平均增长率递增。特别是 1992 年以来，两性表面活性剂的年平均增长率较大。尽管两性表面活性剂的产量在表面活性剂总产量中占不到 1%，但其年平均增长率远远超过其他类型的表面活性剂。而且，目前越来越多的研究人员和生产厂家意识到两性离子表面活性剂在石油工业中的巨大应用潜力[1]。

　　广义上讲，两性表面活性剂是指在分子结构中，同时具有阴离子、阳离子和非离子中的两种或两种以上离子性质的表面活性剂。根据分子中所含的离子类型和种类，可以将两性表面活性剂分为以下四种类型。

　　(1) 同时具有阴离子和阳离子亲水基团的两性表面活性剂，如

$$R—NH—CH_2—COOH \qquad\qquad R—\overset{\displaystyle CH_3}{\underset{\displaystyle CH_3}{N^+}}—CH_2COO^-$$

式中，R 为长碳链烷基或烃基。

(2)同时具有阴离子和非离子亲水基团的两性表面活性剂，如

$$R—O\left(CH_2—CH_2O\right)_{\!n}SO_3^-\,Na^+ \qquad\qquad R—O\left(CH_2—CH_2O\right)_{\!n}CH_2COO^-Na^+$$

(3)同时具有阳离子和非离子亲水基团的两性表面活性剂，如

$$R—\overset{}{\underset{\displaystyle CH_3}{N^+}}\!\!\overset{\displaystyle (CH_2CH_2O)_pH}{\underset{\displaystyle (CH_2CH_2O)_qH}{\big\langle}}$$

(4)同时具有阳离子、阴离子和非离子亲水基团的两性表面活性剂，如

$$R—O\left(CH_2CH_2O\right)_{\!n}CH_2—\overset{}{\underset{\displaystyle OH}{CH}}—CH_2—\overset{\displaystyle CH_3}{\underset{\displaystyle CH_3}{N^+}}—CH_2—CH_2COO^-$$

两性离子表面活性剂的特殊结构决定了该类表面活性剂具有良好的水溶性、较高的界面活性以及较强的耐温抗盐性，因此两性离子表面活性剂在三次采油中得到广泛的应用。

第一节　阴非两性型表面活性剂设计与合成

阴非两性型表面活性剂是分子结构中同时具有阴离子和非离子亲水头基的表面活性剂，主要通过在阴离子型表面活性剂亲水头基上引入一定量的非离子性链节而制备。该表面活性剂是将两种不同的亲水基团设计在同一个表面活性剂分子中，使其同时具备阴离子型和非离子型表面活性剂的特点，即水溶性好、耐温抗盐能力强、地层吸附损失小、易生物降解和高效的发泡能力等优点，因此在三次采油行业中具有广阔的应用前景。

按阴离子基团的不同，该类型产品主要可分成以下几类。

(1)非离子-磷酸酯盐型，通式可写为：$R—O\left(CH_2CH_2O\right)_{\!n}PO_4M$。通式中，R 为烷基或烷基苯基，总碳数为 8～18；n 为氧乙烯聚合度，其值为 1～20；M 为一价金属阳离子或铵离子(下同)。

(2)非离子-硫酸酯盐型，通式可写为：$R—O\left(CH_2CH_2O\right)_{\!n}SO_3M$。

(3)非离子-羧酸酯盐型，通式可写为：R—O—(CH₂CH₂O)ₙ—CH₂COOM。

(4)非离子-磺酸酯盐型，通式可写为：R—O—(CH₂CH₂O)ₙ—R′SO₃M。通式中，R′的碳数一般为 1～6。

其性能取决于阴离子基团类型、烷氧基类型和链节大小、亲油基类型和大小，可通过调节烷氧基表面活性剂分子中氧乙烯(和/或氧丙烯)链节的大小，来调节表面活性剂的亲水亲油平衡，通过调节阴离子基团的类型来调整其耐盐性的强弱，其中磺酸盐型表面活性剂的耐盐性能最强，而磷酸酯盐的耐盐性能最差，即 4 种离子基团的耐盐能力大小顺序依次是：$-SO_3^- > -OSO_3^- > -COO^- > -PO_4^-$。

从发展历程看，较早研究的阴非两性型表面活性剂仅含有氧乙烯链节，20 世纪 80 年代出现了分子中同时含氧乙烯和氧丙烯链节的磺酸盐、硫酸盐两性表面活性剂。20 世纪末，仅含氧丙烯链节、亲油基为支链的非离子-阴离子两性表面活性剂受到关注。目前对阴非两性型表面活性剂研究较多的主要是以脂肪链为疏水基的阴非两性型表面活性剂，而对含有苯基结构疏水基的阴非两性型表面活性剂研究很少。

目前广泛使用的醇醚硫酸盐(AES)系列表面活性剂具有优良的抗钙、镁离子能力，但其末端硫酸酯基(C—O—SO₃⁻)在高温的水溶液中会慢慢水解，并且在生产过程中生成致癌物，而磷酸盐虽水解稳定但其溶解参数令人不满意。如果将硫酸酯基变成磺酸基(C—SO₃⁻)，则由于 C—S 键的水解稳定性，其将具有更优良的化学稳定性，同时又保留了醇醚硫酸盐的抗钙、镁离子能力，能显著降低油水界面张力，适合于高温、高矿化度油藏。脂肪醇醚羧酸盐分子中的醚键结构比脂肪醇醚硫酸盐分子中的酯键结构更稳定，具有更好的耐温稳定性，广泛应用于石油化工领域，因此羧酸盐型阴非两性型表面活性剂和磺酸盐型阴非两性型表面活性剂的设计合成和性能研究引起了国内外科学家的普遍注意，已成为目前研究的一个热点[2]。

一、羧酸盐型阴非两性型表面活性剂的设计与合成

脂肪醇聚氧乙烯醚羧酸盐(AEC)是羧酸盐型阴非两性型表面活性剂的代表，它是由非离子表面活性剂改性而来的，兼有非离子型和阴离子表面活性剂的特征。它可应用于二元复合驱体系，与原油形成超低界面张力，二元复合驱由于没有碱的存在而避免了油层堵塞、结垢和腐蚀等问题，不仅可以降低三元复合驱化学剂成本，而且还可以减少设备投资和作业费用，同时提高了聚合物的利用效率，因此受到石油行业研究人员的青睐[3]。

(一)分子结构设计

1. 设计要求

羧酸盐型阴非两性型表面活性剂最根本的性能要求包括：

(1)水溶性好；

(2)降低油-水界面张力；

(3)抗盐性；

(4)耐温性。

因此，分子结构设计必须围绕以上要求开展。

2. 设计思路

脂肪醇聚氧乙烯醚是聚氧乙烯类非离子表面活性剂的主要品种之一，它具有强耐盐、耐硬水能力，良好的乳化性能和良好的驱油效果，但是单独使用聚氧乙烯型非离子表面活性剂油水间的界面张力很难达到超低水平，同时该类表面活性剂在地层中又具有较强的吸附性。因此，作为三次采油用剂，它们一般不单独使用，需要与石油磺酸盐等阴离子表面活性剂复配使用，以满足目前高矿化度的油藏要求。

羧酸盐阴离子表面活性剂界面活性较高，在地层中吸附量小，具有较好的耐温性，但耐盐性能较差。针对高温高盐的油藏条件，大多数油田都采用将阴离子和非离子表面活性剂进行复配，复配体系能产生很好的协同效应，可提高复配体系的耐温抗盐性，减少总吸附损耗，但岩石对阴离子和非离子的吸附量有很大差异，因此在地层运移过程中会产生严重的"色谱分离"现象而导致配方不能满足驱油的要求[4]。

为使体系同时具有阴离子/非离子复配体系的优点，研究人员从分子结构角度出发，对脂肪醇聚氧乙烯醚进行了改性，即通过在脂肪醇醚（非离子表面活性剂）中引入羧甲基基团，合成了一种两性表面活性剂脂肪醇聚氧乙烯醚羧酸盐。其由于分子中含有聚氧乙烯基和羧基，因而具备了非离子和阴离子表面活性剂的双重表面性能，其除具有优良的抗硬水性外，还具有良好的配伍性能，不仅能与阴离子、非离子、两性离子表面活性剂进行复配，还能同阳离子活性剂或聚合物进行复配，这是一般阴离子表面活性剂所不具备的特点。

目前市场上已有的醇醚羧酸盐主要是椰子油醇聚氧乙烯醚羧酸盐，其亲油性不够，亲水性太强，因此研究者提出使用长链烷基醇醚为原料合成新型驱油用醇醚羧酸盐型表面活性剂，设计的新型驱油用表面活性剂分子结构如下：

$$RO(CH_2CH_2O)_nCH_2COOM$$

式中，R 为 C_{12}、C_{16} 长链烷基；$n=2,3$；M 为碱金属离子（如 Na^+）。

（二）合成路线

目前合成脂肪醇醚羧酸类表面活性剂的技术路线有四条，分别为氧化法、羧甲基化法、丙烯腈法和丙烯酸酯法。

1. 氧化法

氧化法是利用空气或氧气直接氧化或用硝酸、铬酸进行氧化、将末端的—CH_2OH 氧化成—COOH。其方法是将醇醚在碱的水溶液中，在催化剂的作用下，用空气或氧气氧化制备醇醚羧酸盐。催化氧化法合成脂肪醇聚氧乙烯醚羧酸盐分为氮氧自由基氧化法和贵金属催化氧化法两种，就是在贵金属或氮氧自由基的存在下将脂肪醇聚氧乙烯醚末端羟甲基氧化为羧基，若脂肪醇聚氧乙烯醚的环氧乙烷加和数相同，氧化法所得的脂肪醇聚氧乙烯羧酸盐比羧甲基化法得到的脂肪醇聚氧乙烯羧酸盐少一个乙氧基单元[5]。该合成路线虽然比较先进，但工艺过程复杂，转化率不高[6]。利用新开发的催化氧化技术以脂肪醇聚氧乙烯醚（AEO9）、氧气、氢氧化钠为原料直接氧化为醇醚羧酸盐，避免以氯乙酸钠为原料，从而避免了氯乙酸钠的残留问题。反应式如下：

$$R\!-\!(OCH_2CH_2)_n\!-\!OH + O_2 \xrightarrow[\text{NaOH}]{\text{Pd/C}} R\!-\!(OCH_2CH_2)_n\!-\!OCH_2COONa + H_2O$$

式中，Pd/C 为氧化剂。

2. 羧甲基化法

羧甲基化法是在碱性条件下用一氯乙酸及其盐直接同脂肪醇聚氧乙烯醚进行反应得到脂肪醇醚羧酸盐，反应产物中的副产物氯化钠可根据需要采用适当的分离方法除去。反应式为

$$R(OCH_2CH_2)_n OH + ClCH_2COOH \xrightarrow{\text{NaOH}} R(OCH_2CH_2)_n OCH_2COONa + NaCl$$

该路线比较成熟，原料脂肪醇聚氧乙烯醚比较易得，合成的反应条件比较温和，合成反应产生的"三废"较少，与氧化法、丙烯腈法和丙烯酸酯法相比，其较为经济可行。脂肪醇醚在碱处理过程中形成氧负离子，然而在羧甲基化过程中对氯乙酸进行亲核取代，碱处理过程中形成的活性中心氧负离子越多，对氯乙酸的取代效果越好，氯乙酸的利用率越高[7]。

3. 丙烯腈法

将丙烯腈与脂肪醇醚进行加成反应，以 NaOH 为催化剂，经酸性水解得到脂肪醇醚羧酸盐产品，缺点是丙烯腈易燃、有毒，反应不易控制。

4. 丙烯酸酯法

丙烯酸酯法通过脂肪醇醚加成或酯化引入酯基，再通过水解酯基得到含有羧基的脂肪醇醚羧酸盐。目前主要是羧甲基化法和氧化法两种，其中以羧甲基化法

最为常用。

$$RO(CH_2CH_2O)_nCH_2CH_2OH \quad + \quad H_2C \! = \!\! \begin{array}{c} O \\ \| \\ C \\ \end{array} \!\! O \! - \! CH_3$$

$$RO(CH_2CH_2O)_nCH_2CH_2OCH_2COOCH_3 \xrightarrow[\quad OH^-\quad]{H_2O} RO(CH_2CH_2O)_nCH_2CH_2OCH_2COONa$$

本书以正庚醇为原料通过 Guerbet 反应所合成的 Guerbet 十四醇为中间体,经 Williamson 反应合成 Guerbet 十四醇聚氧乙烯醚醇,再经羧甲基化法合成含氧乙烯 基团和支链尾端的 Guerbet 十四醇聚氧乙烯醚羧酸钠盐为例,介绍一下羧酸盐型 阴非两性型表面活性剂的合成过程。

目标化合物合成路线如下:

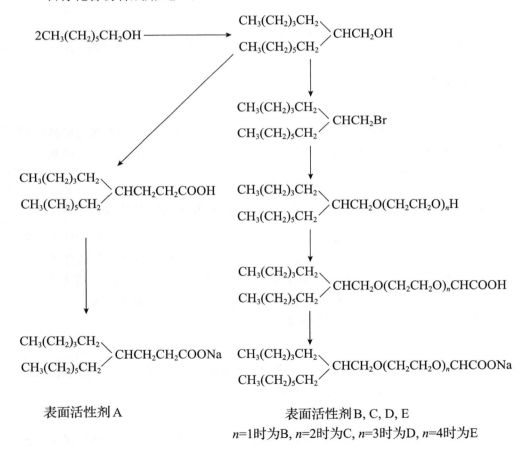

表面活性剂 A

表面活性剂 B, C, D, E
$n=1$ 时为 B, $n=2$ 时为 C, $n=3$ 时为 D, $n=4$ 时为 E

（三）合成条件

1. Guerbet 醇+四基溴化物 $C_{14}GABr$ 的合成

在装有温度计、分水器和冷凝管的 250mL 的三颈烧瓶中，加入 1/3mol 的正庚醇，1/4mol 氢氧化钾，在不断搅拌的条件下，油浴加热 2h，反应温度为 160℃。放置冷却至室温后，再加入 2/3mol 正庚醇和 4g 5% 的 Pd/C 催化剂，在不断搅拌的情况下，快速加热至 155℃，并恒温搅拌，反应 6h，反应过程中生成的水不断被移出至分水器中分离。反应后冷却至室温，然后，加入 100mL 磷酸水溶液 $[w(H_3PO_4)=30\%]$ 进行中和，减压过滤，除去 Pd/C 催化剂残渣。过滤液分层，有机层用水洗至中性，减压蒸馏，收取 144℃、2.3kPa 条件下的馏分，产率为 54.2%。

2. Guerbet 烷基溴化物的合成

卤代烃可以看作是醇与无机酸失水形成的酯，即无机酸酯：

$$ROH + HX \longrightarrow RX + H_2O$$

这种称为酯化作用的反应是一元卤代烃最重要、最普通的合成方法，常用的试剂为无水卤化氢、氢卤酸或溴化钠与硫酸的混合物，也可用三卤化磷（或磷和卤素）、五氯化磷、氯化亚砜等。

合成过程中综合考虑了中间产物卤代烃的后续亲核取代反应的反应性，采用 Guerbet 醇与氢溴酸和浓硫酸的混合物反应以制备 Guerbet 烷基溴化物。

$$\begin{matrix} CH_3(CH_2)_4 \\ CH_3(CH_2)_6 \end{matrix}\!\!\Big\rangle CHCH_2OH \xrightarrow[\text{浓硫酸}]{\text{氢溴酸}} \begin{matrix} CH_3(CH_2)_4 \\ CH_3(CH_2)_6 \end{matrix}\!\!\Big\rangle CHCH_2Br$$

在装有回流冷凝管和搅拌器的 250mL 三颈烧瓶中小心放置 85g（0.42mol）$w(HBr)=40\%$ 的氢溴酸和 22g（12mL）$w(H_2SO_4)=98\%$ 的硫酸，然后滴加 47g（0.22mol）合成的 Guerbet 十四醇。加热回流 8h，冷却后用水将反应混合物洗涤，分出上层有机相，再用水和 $w(Na_2CO_3)=5\%$ 的水溶液洗涤有机相，将其用无水氯化钙干燥过夜，过滤除去固体物质后，将滤液减压蒸馏，收集 153～155℃、0.6kPa 条件下的馏分，产品为 Guerbet 十四基溴化物 $C_{14}GABr$，收率为 80%。

3. Guerbet 醇聚氧乙烯醚醇的合成

烷基聚氧乙烯醚醇多采用环氧乙烷与醇的加成反应来合成，这样得到的烷基醇醚为具有相似结构和不同分子量分布的混合物，其聚氧乙烯加成数（即聚合度）为平均值。合成中为了得到单一结构的烷基聚氧乙烯醚醇产物，采用文献中的方法进行合成。

卤代烷中卤素电负性很强，因此 C—X 键的一对电子偏向卤素原子，使碳原子带部分正电荷,容易受到有一对电子的亲核试剂的进攻,然后卤素原子带着一对电子离开,亲核取代反应是卤代烃发生的常见反应。

$$Na + HOCH_2(CH_2OCH_2)_nCH_2OH \longrightarrow NaOCH_2(CH_2OCH_2)_nCH_2OH + H_2\uparrow$$

$$NaOCH_2(CH_2OCH_2)_nCH_2OH + \begin{matrix} CH_3(CH_2)_4 \\ CH_3(CH_2)_6 \end{matrix}\!\!>\!\!CHCH_2Br \xrightarrow{NaBr}$$

$$\begin{matrix} CH_3(CH_2)_4 \\ CH_3(CH_2)_6 \end{matrix}\!\!>\!\!CHCH_2OCH_2(CH_2OCH_2)_nCH_2OH$$

在装有温度计、回流冷凝管和搅拌器的 250mL 的三颈烧瓶中,加入 150g(1mol)二缩三乙二醇,在不断搅拌的条件下,将切成小块的 2.875g(0.125mol)金属钠小心加入其中,使反应生成的氢气尽快排出体系,待体系内金属钠消失后,继续搅拌 15min,然后加热使体系升温到 100℃左右,将 34g(0.125mol)上面合成的 Guerbet 十四基溴化物小心滴加于其中,恒温 100℃维持搅拌 18h 后,薄层层析显示反应进行基本完全,冷却至室温,向体系中加入 250mL 水,混合物倒入分液漏斗中,用 150mL 石油醚(60～90℃)分三次萃取。所有萃取液(石油醚-聚氧乙烯醚醇溶液)用 100mL 水洗一次,然后蒸去石油醚,得到浅黄色油状液体(产物粗品),然后再利用柱层析纯化,得到产物纯品。经红外光谱(IR)、核磁共振(NMR)检测分析,结果表明得到目的产物 Guerbet 十四醇聚氧乙烯醚醇[$C_{14}GA(EO)_3H$]。

根据反应历程可知,该步反应的目的是要得到二醇的烷基单取代产物,控制反应物多缩乙二醇与金属钠及卤代烷的投料比(ω)非常关键,结果见表 2-1。

表 2-1　反应物的不同投料比对产物收率的影响

序号	反应物(物质的量份数)			二取代产物收率/%	单取代产物收率/%
	多缩乙二醇	金属 Na	卤代烷		
a	5	1	1	12.1	29.3
b	7	1	1	11.5	34.0
c	8	1	1	10	37.3
d	10	1	1	10	37.6
e	12	1	1	9.6	37.8

表 2-1 实验结果表明,随多缩乙二醇比例的增加,单取代产物逐渐增加,二取代产物逐渐减少,当达到一定的比例时,产品成分趋于稳定。综合考虑目标产物收率和后处理问题,我们在实验中以 c 组的反应配比条件作为优选。

4. Guerbet 醇聚氧乙烯醚乙酸钠的合成

在装有搅拌器和温度计的三颈烧瓶中放入 16.7g(0.048mol)上面合成的 $C_{14}GA(EO)_3H$，在不断搅拌的情况下加入 7.8g(0.193mol)研细的 NaOH 粉末，于 30℃下恒温搅拌进行碱化反应 2.5h，稍稍冷却后向该体系中加入 14g 丙酮，然后在搅拌条件下滴入溶于 7g 丙酮中的 9.2g(0.096mol)一氯乙酸，室温下搅拌 1h，然后升温至 45℃搅拌反应 6h。反应完成后，旋转蒸发除去丙酮，得到居贝特十四醇聚氧乙烯醚羧酸钠的粗品。将粗品溶解在 $V($乙醇$):V($水$)=1:1$ 混合溶剂中，用石油醚萃取除去油分，将水层旋转蒸发至干，得到浅黄色固体物质。将得到的固体物质溶于无水乙醇中，过滤除去不溶物即无机盐分，干燥后得到浅黄色蜡状固体，然后用异丙醇-乙醇混合溶剂重结晶三次，最终得到 Guerbet 十四醇三聚氧乙烯醚羧酸钠[$C_{14}GA(EO)_3CH_2COONa$]。

（四）结构表征

1. Guerbet 醇($C_{14}GA$)的结构表征

正庚醇及其合成产物的 IR 谱图，如图 2-1 所示。

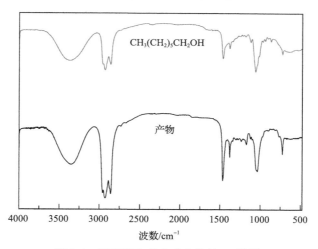

图 2-1 正庚醇和其合成产物的 IR 谱图

由图 2-1 可以得知，合成的产物含有醇羟基基团($3400cm^{-1}$)和—CH_3、—CH_2—($2925cm^{-1}$、$2985cm^{-1}$)，以及新的基团—$\overset{|}{C}H$($1176cm^{-1}$)。这说明所合成的产物是一个含有支链的烷基醇。

合成产物的 ^1H-NMR 谱图如图 2-2 所示。

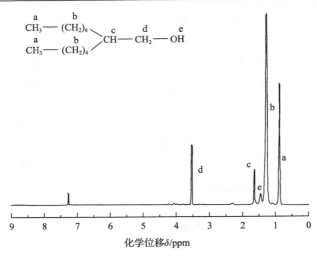

图 2-2　合成产物的 ^{1}H-NMR 谱图

图 2-2 可以得知，合成的产物含有—CH$_3$（0.88，6H）；—CH$_2$—（1.27，20H）；

—CH$_2$O—（3.53，2H）；$\overset{|}{—CH}$（1.58，1H）；—OH（1.47，1H）。这证明了所合成的化

合物是 2-戊基-壬醇（Guerbet 十四醇）。元素分析表明所合成的产物含 w(C)＝79.06%，w(H)＝13.62%，与从 Guerbet 十四醇分子式计算的理论值 w(C)＝78.50%，w(H)＝14.01%基本一致。质谱分析法（mass spectrometry，MS）分析表明所合成的产物分子量为 214，这和 C$_{14}$GA 结构计算得出的分子量一致。由此进一步支持 IR 和 ^{1}H-NMR 的结论，即所合成的产物是 Guerbet 十四醇。

2. Guerbet 十四烷基溴化物的结构表征

Guerbet 十四基溴化物 IR 谱图如图 2-3 所示。与前面 Guerbet 十四醇的 IR 谱图相比发现，位于 3340cm^{-1} 处分子中的醇羟基的吸收峰消失，622cm^{-1}、652cm^{-1} 位置出现 C—Br 键的拉伸振动吸收峰，说明通过溴化反应，Guerbet 十四醇中的羟基被溴取代。

Guerbet 十四基溴化物的 ^{1}H-NMR 谱图如图 2-4 所示。

由于卤族元素的电负性较强，因此直接相连的碳和邻近碳上的质子屏蔽降低，质子的化学位移向低场方向移动，与卤素相连的碳原子上的质子的化学位移一般为 2.16~4.4ppm。

与 Guerbet 十四醇的 ^{1}H-NMR 谱相比发现，在化学位移为 1.47ppm 处的羟基上的氢的峰消失，在化学位移为 3.4528ppm、3.4480ppm 处出现了峰。

结合 IR 谱图和 ^{1}H-NMR 谱图的变化特点分析，说明得到了目的产物 Guerbet 十四基溴化物。

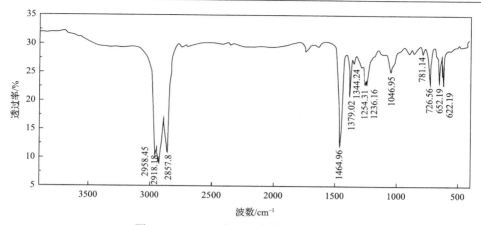

图 2-3　Guerbet 十四基溴化物的 IR 谱图

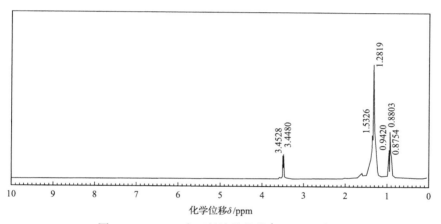

图 2-4　Guerbet 十四基溴化物的 ^{1}H-NMR 谱图

3. Guerbet 醇聚氧乙烯醚醇的结构表征

IR 谱(图 2-5)数据表明：3421cm^{-1} 附近有醇羟基(—OH)基团的比较宽的中等强度的特征吸收峰；2955cm^{-1}、2927cm^{-1}、2858cm^{-1}、1463cm^{-1} 附近是—CH$_3$、—CH$_2$—拉伸及弯曲振动吸收峰；在 1110cm^{-1} 附近的强峰为—C—O—C—的特征吸收峰；1370cm^{-1} 附近有次甲基—CH 的弯曲振动吸收峰，724cm^{-1} 附近的振动峰说明有大于 4 个的—CH$_2$—相连接。

^{1}H-NMR 谱(图 2-6)数据表明：合成的产物含有—CH$_3$：(0.96，6H)，—CH$_2$—：(1.29～1.33，20H)，—CH—：(1.56，1H)，—OH：(2.5，1H)，—CH$_2$O—：(3.34，2H)，—CH$_2$CH$_2$O—：(3.55～3.80，12H)。

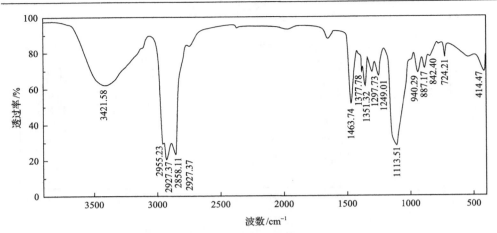

图 2-5　Guerbet 十四醇聚氧乙烯醚醇(EO=3)的 IR 谱图

EO 代表聚氧乙烯的数目

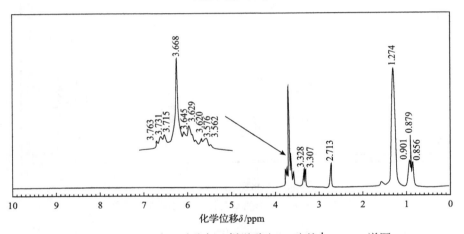

图 2-6　Guerbet 十四醇聚氧乙烯醚醇(EO=3)的 ^{1}H-NMR 谱图

综合上述波谱分析结果，表明得到了目的产物 Guerbet 十四醇聚氧乙烯醚醇。

4. Guerbet 醇聚氧乙烯醚乙酸钠的结构表征

合成的目标产物的分子式及 IR、^{1}H-NMR 谱图数据结构表征列于表 2-2。

表 2-2　合成产品羧酸盐阴非两性型表面活性剂 $C_mGA(EO)_nCH_2COONa$

(m=14，16；n=0，1，2，3，4)的结构表征

化合物	IR(波数/cm^{-1})	^{1}H-NMR(化学位移/ppm)
$C_{14}GACH_2COONa$ (14-0)	—CH$_3$，—CH$_2$—(2958、2927、2856)； C=O(1600)；—CH(1178)	—CH$_3$(0.96，6H)；—CH$_2$—(1.36，20H)； —CH(1.57，1H)；—CH$_2$—O—(3.54，2H)； —CH$_2$—COONa(4.01，2H)

续表

化合物	IR（波数/cm^{-1}）	^{1}H-NMR（化学位移/ppm）
C$_{14}$GA(EO)$_1$CH$_2$COONa (14-1)	—CH$_3$，—CH$_2$—（2959、2927、2855）； C=O（1610）；—CH（1178）； —C—O—C—（1117）	—CH$_3$（0.95，6H）；—CH$_2$—（1.37，20H）； —CH（1.61，1H）；—CH$_2$—O—（3.64，2H）； —CH$_2$—COONa（4.03，2H） —CH$_2$CH$_2$O—（3.65～3.95，4H）
C$_{14}$GA(EO)$_2$CH$_2$COONa (14-2)	—CH$_3$，—CH$_2$—（2958、2928、2859）； C=O（1599）；—CH（1173）； —C—O—C—（1097）	—CH$_3$（0.95，6H）；—CH$_2$—（1.37，20H）； —CH（1.62，1H）；—CH$_2$—O—（3.64，2H）； —CH$_2$—COONa（4.05，2H） —CH$_2$CH$_2$O—（3.68～3.97，8H）
C$_{14}$GA(EO)$_3$CH$_2$COONa (14-3)	—CH$_3$，—CH$_2$—（2959、2936、2857）； C=O（1599）；—CH（1173）； —C—O—C—（1097）	—CH$_3$（0.95，6H）；—CH$_2$—（1.37，20H）； —CH（1.62，1H）；—CH$_2$—O—（3.65，2H）； —CH$_2$—COONa（4.16，2H） —CH$_2$CH$_2$O—（3.68～3.99，12H）
C$_{14}$GA(EO)$_4$CH$_2$COONa (14-4)	—CH$_3$，—CH$_2$—（2958、2921、2857）； C=O（1599）；—CH（1173）； —C—O—C—（1097）	—CH$_3$（0.97，6H）；—CH$_2$—（1.38，20H）； —CH（1.60，1H）；—CH$_2$—O—（3.67，2H）； —CH$_2$—COONa（4.18，2H） —CH$_2$CH$_2$O—（3.65～4.00，16H）
C$_{16}$GACH$_2$COONa (16-0)	—CH$_3$，—CH$_2$—（2958、2937、2856）； C=O（1640）；—CH（1178）	—CH$_3$（0.96，6H）；—CH$_2$—（1.35，24H）； —CH（1.67，1H）；—CH$_2$—O—（3.54，2H）； —CH$_2$—COONa（4.21，2H）
C$_{16}$GA(EO)$_1$CH$_2$COONa (16-1)	—CH$_3$，—CH$_2$—（2939、2917、2855）； C=O（1620）；—CH（1178）； —C—O—C—（1127）	—CH$_3$（0.95，6H）；—CH$_2$—（1.37，24H）； —CH（1.65，1H）；—CH$_2$—O—（3.64，2H）； —CH$_2$—COONa（4.23，2H） —CH$_2$CH$_2$O—（3.65～3.95，4H）
C$_{16}$GA(EO)$_2$CH$_2$COONa (16-2)	—CH$_3$，—CH$_2$—（2938、2910、2853）； C=O（1599）；—CH（1173）； —C—O—C—（1097）	—CH$_3$（0.95，6H）；—CH$_2$—（1.37，24H）； —CH（1.62，1H）；—CH$_2$—O—（3.64，2H）； —CH$_2$—COONa（4.15，2H） —CH$_2$CH$_2$O—（3.68～3.97，8H）

注：括号中 14-0 中第一个数字 14 代表疏水链的碳数，第二个数字 0 代表聚氧乙烯的个数，以下类似。

二、磺酸盐型阴非两性型表面活性剂的设计与合成

（一）分子结构设计

磺酸盐是稠油开采、表面活性剂驱油和泡沫驱油配方中用得最多的阴离子型

表面活性剂[8]。磺酸盐类表面活性剂的亲水基团是磺酸基($-SO_3^-$)，其具有很强的抗盐能力。聚氧乙烯型非离子表面活性剂主要是由含有活泼氢(如羟基、羧基、胺基、酰胺基等基团中的氢原子)的疏水性原料同环氧乙烷加成而得的[9]。改变疏水性原料或环氧乙烷的聚合度均能得到性能各异的驱油产品，主要有脂肪醇聚氧乙烯醚、烷基酚聚氧乙烯醚、脂肪酸聚氧乙烯酯、聚氧乙烯烷基胺、聚氧乙烯烷基醇酰胺等，因为这些产品中含有氧乙烯基团，所以都具有很强的抗盐能力。将这两种不同性质的亲水基团引到一个分子中，就能使这类新型的表面活性剂既具备阴离子表面活性剂耐高温的优点，又具备非离子表面活性剂不受电解质干扰的特点，因此自 1938 年第一个有关脂肪醇醚磺酸盐类表面活性剂制备的专利问世以来，人们相继运用多种工艺路线合成了多种结构的醇醚磺酸盐类表面活性剂，并对它们的性质和应用进行了广泛的研究，其中脂肪醇聚氧乙烯醚磺酸盐的相关研究较多[10]。研究表明该类表面活性剂具有以下优良的性能：①良好的水溶性；②良好的助溶性，能与多种化合物复配使用；③能显著降低油水间的界面张力；④良好的热稳定性；⑤良好的耐温抗盐性；⑥良好的润湿性和乳化性等。

原油是一个混合物，可分为饱和烃、芳香烃、胶质和沥青质组分，它与活性剂之间相互作用的强弱与表面活性剂疏水基团的变化有着密切的关系[11]。依据相似相容原理，疏水基团中具有苯环结构的表面活性剂与芳香烃作用时会有较好的效果[12]。因此，本书以表面活性剂性质与结构关系为主要依据，有针对性地选择合成了疏水基团中含有苯基结构的对-烷基-苄基均质聚氧乙烯醚丙烷磺酸钠。

分子简式如下：

$$RBE_nS$$

分子式中，R 为 $C_8 \sim C_{12}$ 长链烷基；B 为苄基；E 为聚氧乙烯基；$n=3,4$；S 为磺酸基。

(二)合成路线

自 1938 年，Bruson[13]的第一篇关于肪醇醚磺酸盐型表面活性剂制备方法的专利获授权后，研究人员先后通过各种合成方法研发合成出了各种不同性能的聚氧乙烯醚磺酸盐。这种含有非离子官能团的磺酸盐的合成方法主要有卤化脂肪醇醚法(Streck 法)、磺烷基化法、烯烃加成法、氯(溴)乙磺酸钠法、羟乙基磺酸钠法、硫酸酯盐转化法等[14]。

1. 卤化脂肪醇醚法

卤化脂肪醇醚法(Streck 法)即先利用氯代剂氯化亚砜将脂肪醇聚氧乙烯醚(AEO)氯化，所得氯代物经磺化后就可得到脂肪醇聚氧乙烯醚磺酸盐(AESO)，1938 年，Bruson[13]第一次通过该方法制备出脂肪醇/烷基酚聚氧乙烯醚磺酸盐。该法在合成过程中需用亚硫酰氯或硫酰氯作磺化剂，成本较高，且具有一定的毒性和腐蚀性。

卤化脂肪醇醚法合成 AESO 的反应式如下：

$$RO(CH_2CH_2O)_nH + SOCl_2 \longrightarrow RO(CH_2CH_2O)_{n-1}H_2CH_2Cl + HCl + SO_2$$

$$RO(CH_2CH_2O)_{n-1}CH_2CH_2Cl + Na_2SO_3 \longrightarrow RO(CH_2CH_2O)_{n-1}CH_2CH_2SO_3Na + NaCl$$

2. 磺烷基化法

磺烷基化法中，以丙烷磺内酯作磺基化试剂时收率最高。该法是通过使 AEO 和开环能力较强的丙烷磺内酯发生磺丙基化反应来制备 AESO 的，具体步骤为：先将 AEO 在甲苯溶液中钠化，生成醇醚钠盐，再与丙烷磺内酯反应得到 AESO[15]。丙烷磺内酯合成的具体反应式如下：

$$2RO(CH_2CH_2O)_nH + 2Na \longrightarrow 2RO(CH_2CH_2O)_nNa + H_2$$

$$RO(CH_2CH_2O)_nCH_2CH_2CH_2SO_3Na$$

3. 烯烃加成法

在氧或过氧化物等催化作用下，乙烯基醚与 $NaHSO_3$ 发生加成反应，得到磺酸盐表面活性剂，合成路线如下[16]：

$$ROCH_2CH = CH_2 + NaHSO_3 \longrightarrow ROCH_2CH_2CH_2SO_3Na$$

在此反应的基础上进行改进，将 Na_2SO_3 和 $NaHSO_3$ 作混合磺化剂，$NaNO_2$ 作催化剂，以水溶性醇为溶剂，使得磺化反应可控。

4. 氯（溴）乙磺酸钠法

先用 1,2-二卤代烯烃和亚硫酸钠反应生成 β 卤代磺酸钠，然后再与脂肪醇聚氧乙烯醚反应得到产品，反应式如下[17]：

$$XCH_2CH_2X + Na_2CO_3 \longrightarrow XCH_2CH_2SO_3Na + NaX$$

$$RO(CH_2CH_2O)_nH + XCH_2CH_2SO_3Na \longrightarrow RO(CH_2CH_2O)_nCH_2CH_2SO_3Na + NaCl + H_2O$$

$$X=Br或Cl$$

虽然 α,β-二溴乙烷比 α,β-二氯乙烷贵，但作为磺乙基化试剂使用时，溴乙磺酸钠的反应能力强于氯乙磺酸钠。氯乙酸钠和溴乙酸钠极易水解，即—Cl 和—Br 容易被—OH 取代变为羟乙基磺酸钠，因此要求反应在无水条件下进行，否则很难提高收率。在工业生产中，需要做到严格无水，条件比较苛刻。

5. 羟乙基磺酸钠法

在 KOH 作用下，醇醚与羟乙基磺酸钠反应，合成路线如下：

$$R(OCH_2CH_2)_nOH + HOCH_2CH_2SO_3Na \longrightarrow R(OCH_2CH_2)_nOCH_2CH_2SO_3Na + H_2O$$

该反应为非均相反应,反应物之间接触不充分,生成的水会产生泡沫,使反应难以进行,在 180～190℃ 下,醇醚过量、通入氮气,羟乙基磺酸钠仅转化 70%～80%。虽然羟乙基磺酸钠法转化率不高,但反应成本较低,工艺流程较短,操作简单,污染小,所以该工艺路线具有工业化潜力。

6. 硫酸酯盐转化法

以脂肪醇聚氧乙烯醚硫酸盐为原料,水为溶剂,在高温搅拌条件下与亚硫酸钠和亚硫酸氢钠反应生成醇醚磺酸盐[18]。合成路线如下:

$$2R(OCH_2CH_2)_nOSO_3Na + Na_2SO_3 + NaHSO_3 \longrightarrow$$

$$2R(OCH_2CH_2)_nSO_3Na + Na_2SO_4 + NaHSO_4$$

这种方法的缺点是转化率不高。另外,聚氧乙烯醚硫酸酯盐和磺酸盐的性质较接近,反应后生成的产品不易分离,因此,产品为聚氧乙烯醚硫酸酯盐和磺酸盐的混合物。利用该法讨论了不同反应条件对脂肪醇醚磺酸盐收率及原料水解率的影响。研究结果表明:在温度为 196℃、压力为 1.2MPa 条件下,Na_2SO_3 和 $NaHSO_3$ 以质量比为 4.7∶1 作磺化剂,反应 4h 后产品收率可达 60% 以上,原料水解率在 8% 以下。

用含不同氧乙烯数目的多缩乙二醇合成烷基苯酚醚磺酸盐的合成路线和产物的化学式如下:

$$C_8H_{17} \text{—} \underset{}{\boxed{}} \text{—} O(CH_2CH_2O)_3CH_2CH_2CH_2SO_3Na \qquad C_8BE_3S$$

$$C_{10}H_{21} \text{—} \underset{}{\boxed{}} \text{—} O(CH_2CH_2O)_3CH_2CH_2CH_2SO_3Na \qquad C_{10}BE_3S$$

$$C_{12}H_{25} \text{—} \underset{}{\boxed{}} \text{—} O(CH_2CH_2O)_3CH_2CH_2CH_2SO_3Na \qquad C_{12}BE_3S$$

系列1

$$C_{12}H_{25} \text{—} \underset{}{\boxed{}} \text{—} O(CH_2CH_2O)CH_2CH_2CH_2SO_3Na \qquad C_{12}BE_1S$$

$$C_{12}H_{25} \text{—} \underset{}{\boxed{}} \text{—} O(CH_2CH_2O)_2CH_2CH_2CH_2SO_3Na \qquad C_{12}BE_2S$$

$$C_{12}H_{25} \text{—} \underset{}{\boxed{}} \text{—} O(CH_2CH_2O)_3CH_2CH_2CH_2SO_3Na \qquad C_{12}BE_3S$$

$$C_{12}H_{25} \text{—} \underset{}{\boxed{}} \text{—} O(CH_2CH_2O)_4CH_2CH_2CH_2SO_3Na \qquad C_{12}BE_4S$$

系列2

（三）合成条件

1. 月桂苯酮（Ⅱ）的制备

在装有温度计、搅拌器、恒压滴液漏斗和附有氯化钙干燥管的回流冷凝器的三颈烧瓶中加入 3mol 苯，再加入 1.05mol 无水三氯化铝；在激烈搅拌下，先滴入 3～4mL 月桂酰氯，微热，待反应开始后停止加热，慢慢加入 1mol 月桂酰氯，2h 滴完；再回流 1h，反应混合物呈深红色。冷至室温，然后将混合物倾入 500mL 碎冰中，分出油层，用石油醚萃取水相 2～3 次，合并有机相；再依次用氢氧化钠溶液[w(NaOH)=10%]和水洗涤至中性。无水硫酸钠干燥后蒸去溶剂，减压蒸馏，收集 210～212℃、1600Pa 条件下的馏分，得月桂苯酮。产率为 86%，产物为白色固体，熔点为 45～47℃。

2. 月桂基苯（Ⅲ）的制备

将 0.8mol 月桂苯酮、2.4mol 水合肼[w(N$_2$H$_4$·H$_2$O)=80%]、3.2mol 氢氧化钾和 800mL 二缩三乙二醇的混合物加热回流 2h，然后慢慢蒸出水与肼的混合物，将反应液升温至 190～210℃并保持 4h，此时反应液呈猩红色且再无氮气放出。冷至室温后，加入 800mL 水稀释，分出上层有机相，用 300mL 乙醚分三次萃取下层液相，合并有机相，依次用盐酸溶液[w(HCl)=1.8%]和水洗涤至中性，然后用无水硫酸钠干燥，蒸去乙醚得月桂基苯粗品；用硅胶柱层析除去杂质，以石油醚为洗脱液，用板层析监测烷基苯洗脱进程，杂质被吸附在硅胶上。蒸去溶剂，再减压蒸馏，收集 156～158℃、400Pa 条件下的馏分，得月桂基苯。产率为 80%。

3. 对-(月桂基)苄氯(Ⅳ)的制备

取 1.6mol 多聚甲醛、0.64mol 粉末状无水氯化锌和 0.8mol 月桂基苯于干燥的三颈烧瓶中,再加入 190g 冰醋酸作为溶剂,于 70～80℃下搅拌 2h,在此期间迅速通入干燥的氯化氢气体,反应后冷却,分出上层有机相,用 200mL 石油醚萃取溶剂相两次,合并有机相,依次用碳酸钠溶液[$w(Na_2CO_3)=10\%$]和水洗涤至中性,无水硫酸钠干燥后蒸去溶剂得无色液体,然后冷却至 2～8℃,有固体析出,用布氏漏斗抽滤得白色针状晶体,即为对-(月桂基)苄氯粗品,在粗品中加入少许碳酸氢钠减压蒸馏,收集 190～192℃、465Pa 条件下馏分,得对-(月桂基)苄氯。产率为 65%,常温下为白色针状晶体,熔点为 29～30℃。

4. 对-(月桂基)苄基三氧乙烯醚醇(Ⅴ)的制备

取 1.2mol 的二缩三乙二醇于三颈烧瓶中,慢慢地加入 0.205mol 钠片,缓缓加热至钠完全溶解后,升温至 120℃,再逐滴滴入 0.2mol 对-(月桂基)苄氯,于 140℃反应 16h。冷却后,加入等体积的水稀释,再用 120mL 乙醚萃取三次,合并上层溶液,依次用盐酸[$w(HCl)=1.8\%$]和水洗涤至中性,无水硫酸镁干燥,蒸去乙醚,得对-(月桂基)苄基三氯乙烯醚醇粗品。通过柱色谱分离,以不同配比的丙酮与石油醚为淋洗液淋洗,即可得对-(月桂基)苄基三氧乙烯醚醇(薄层层析板检测完全为一个点)。收率为 60%。

5. 对-(月桂基)苄基三氧乙烯醚丙烷磺酸钠(Ⅵ)的制备

将 0.1mol 对-(月桂基)苄基三氧乙烯醚醇溶解于 50mL 精制过的四氢呋喃中,在不断搅拌下加入 0.11mol 氢化钠,至氢化钠完全溶解后加热至回流,然后将 0.1mol 溶于精制四氢呋喃中的 1,3-丙烷磺内酯逐滴滴入,滴完后再回流 2h。蒸去溶剂后,粗产物用 $V(乙醇):V(水)=1:1$ 的混合溶剂溶解,用石油醚萃取油相 3 次,将水层旋转蒸发至干,得淡黄色蜡状固体粗产品,然后用异丙醇重结晶 3 次,得白色结晶固体,即为对-(月桂基)苄基三氧乙烯醚丙烷磺酸钠。收率为 82%。

同上述方法相似,用不同氧乙烯数目的多缩乙二醇分别合成了其他 5 种样品,其中 C_8BE_3S、$C_{10}BE_3S$ 和 $C_{12}BE_4S$ 用无水乙醇重结晶 3 次获得,$C_{12}BE_1S$ 用正丙醇重结晶 3 次获得,$C_{12}BE_2S$ 用异丙醇重结晶得到目标产物。

(四)结构表征

1. 月桂苯酮(Ⅱ)的结构表征

^{1}H-NMR(CDCl$_3$)δ(δ 为化学位移,单位为 ppm):0.86～0.90(t, 3H),1.26～1.34(m, 16H),1.71～1.74(m, 2H),2.94～2.99(t, 2H),7.44～7.49(t, 2H),7.54～7.59(t, 1H),7.95～7.98(d, 2H)。

2. 月桂基苯(Ⅲ)的结构表征

^{1}H-NMR(CDCl$_3$)δ:0.87～0.89(t, 3H),1.28～1.30(m, 18H),1.59～1.62(m,

2H），2.58～2.64（t，2H），7.18～7.20（d，2H），7.26～7.27（t，1H），7.28～7.31（t，2H）。

3. 对-(月桂基)苄氯(Ⅳ)的结构表征

^{1}H-NMR（CDCl$_3$）δ：0.87～0.91（t，3H），1.27～1.30（m，18H），1.59～1.61（m，2H），2.58～2.64（t，2H），4.59（s，2H），7.17～7.20（d，2H），7.30～7.33（d，2H）。

4. 对-(月桂基)苄基三氧乙烯醚醇(Ⅴ)的结构表征

^{1}H-NMR（CDCl$_3$）δ：0.86～0.89（t，3H），1.25～1.30（m，18H），1.56～1.60（m，2H），2.06（s，1H），2.56～2.60（t，2H），3.60～3.69（m，10H），3.71～3.74（t，2H），4.53（s，2H），7.14～7.16（d，2H），7.24～7.26（d，2H）。

5. 对-(月桂基)苄基三氧乙烯醚丙烷磺酸钠(Ⅵ)的结构表征

^{1}H-NMR（D$_2$O）δ：0.77～0.81（t，3H），1.15～1.19（m，18H），1.37（m，2H），1.85～1.89（m，2H），2.31（t，2H），2.78～2.82（t，2H），3.34～3.45（m，14H），4.28（s，2H），6.82～6.84（d，2H），7.01～7.03（d，2H）。

两种系列的烷基苯酚醚磺酸盐的结构表征结果见表 2-3 和表 2-4，产品浓度检测见表 2-5。

表 2-3　ESI-MS 和 ^{1}H-NMR 实验结果

样品	ESI-MS：m/z[M-Na]$^-$	^{1}H-NMR（D$_2$O），δ/ppm
C$_{12}$BE$_1$S	441.3	0.78～0.81（t，3H），1.14～1.18（m，18H），1.34（m，2H），1.78～1.86（m，2H），2.27（t，2H），2.73～2.77（t，2H），3.25～3.32（m，6H），4.25（s，2H），6.80～6.82（d，2H），6.98～7.00（d，2H）
C$_{12}$BE$_2$S	485.2	0.77～0.80（t，3H），1.15～1.18（m，18H），1.36（m，2H），1.82～1.89（m，2H），2.29（t，2H），2.76～2.80（t，2H），3.32～3.40（m，10H），4.27（s，2H），6.81～6.84（d，2H），7.00～7.02（d，2H）
C$_{12}$BE$_3$S	529.3	0.77～0.81（t，3H），1.15～1.19（m，18H），1.37（m，2H），1.85～1.89（m，2H），2.31（t，2H），2.78～2.82（t，2H），3.34～3.45（m，14H），4.28（s，2H），6.82～6.84（d，2H），7.01～7.03（d，2H）
C$_{12}$BE$_4$S	573.1	0.77～0.80（t，3H），1.15～1.18（m，18H），1.37（m，2H），1.86～1.90（m，2H），2.31（t，2H），2.79～2.84（t，2H），3.36～3.48（m，18H），4.29（s，2H），6.83～6.85（d，2H），7.02～7.04（d，2H）

表 2-4　合成化合物元素分析结果

样品	C 元素质量分数/%	H 元素质量分数/%
C$_8$BE$_3$S	57.64/58.04	8.24/8.32
C$_{10}$BE$_3$S	58.96/59.52	8.85/8.64
C$_{12}$BE$_3$S	60.84/60.48	9.01/8.94

注："/"前后的数据分别表示两次试验结果。

表 2-5 合成化合物两相滴定结果

样品	表面活性剂溶液		滴定液		质量分数/%
	浓度/(mol/L)	体积/mL	浓度/(mol/L)	体积/mL	
$C_{12}BE_1S$	1.02	10.00	1.007	10.11	99.8
$C_{12}BE_2S$	1.10	10.00	1.007	10.89	99.6
$C_{12}BE_3S$	0.98	10.00	1.007	9.70	99.7
$C_{12}BE_4S$	1.00	10.00	1.007	9.85	99.2
C_8BE_3S	1.00	10.00	1.007	9.92	99.9
$C_{10}BE_3S$	0.99	10.00	1.007	9.80	99.7

第二节 改性甜菜碱型表面活性剂设计与合成

甜菜碱是一类重要的两性表面活性剂,最早是从甜菜中分离出来的。它是指季铵盐阳离子和其他阴离子(—COO⁻,—SO₃⁻,—OSO₃⁻,—PO₄⁻)同时存在于同一分子中的表面活性剂。1940 年,杜邦公司首次报道了甜菜碱型两性表面活性剂。美国 Mobil 石油公司在 1977 年申请了用于石油开采的甜菜碱专利,发现其可有效降低油水界面张力。

甜菜碱型两性表面活性剂中季铵基团的 N 原子不能质子化,因此该类两性表面活性剂具有与 pH 无关的一价正电荷,能在较宽 pH 范围内都表现出良好的溶解性和表面活性,即使在等电点时也无沉淀,同时它不易受无机电解质的影响,无论是吸收到正电荷的界面上还是负电荷的界面上都不会形成疏水表面。另外,甜菜碱型表面活性剂具有耐硬水性、界面活性稳定性、温度稳定性,其去污能力强,作用温和,抗静电性能好,对皮肤刺激小,与其他类型的表面活性剂能良好地复配等性能,现已广泛地用于皮革处理等很多领域,在整个表面活性剂工业中占有举足轻重的地位。

甜菜碱型表面活性剂根据阴离子类型的不同可分为羧酸型甜菜碱、磺酸型甜菜碱、硫酸酯甜菜碱、磷酸酯甜菜碱等。含有羧酸根和磺酸根的甜菜碱表面活性剂具有稳定的性能和广阔的应用领域,因而其是该类表面活性剂中最重要的两类。

一、羧酸盐型甜菜碱两性表面活性剂的设计与合成

(一)分子结构设计

黏弹性表面活性剂是近年来的一大研究热点,各种不同结构的黏弹性表面活性剂相继被开发出来,其应用范围也不断扩大。目前,研究较为广泛的黏弹性表面活性剂主要包括阳离子型(图 2-7)、非离子型(图 2-8)和两性离子型表面活性剂

（图 2-9）。此外，双子表面活性剂也具有一定的黏弹性，但其表现出明显黏弹性特征的使用浓度较高，致使其目前仍未得到真正应用。

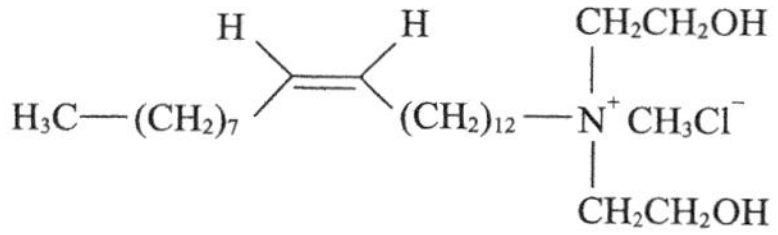

(a) (Z)-N,N-双(2-羟乙基)-N-甲基二十二碳-13-烯-1-氯化铵(EHAC)

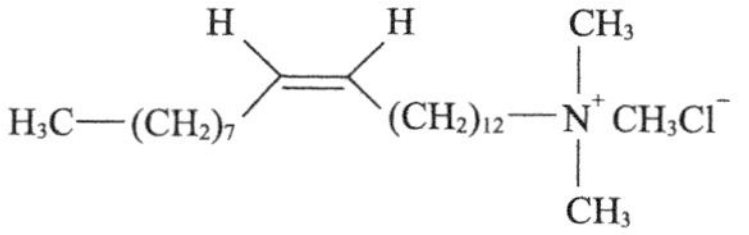

(b) (Z)-N,N,N-三甲基二十二碳-13-烯-1-氯化铵(ETAC)

图 2-7 阳离子型黏弹性表面活性剂

该表面活性剂是 20 世纪 90 年代斯伦贝谢公司开发的，用于压裂酸化

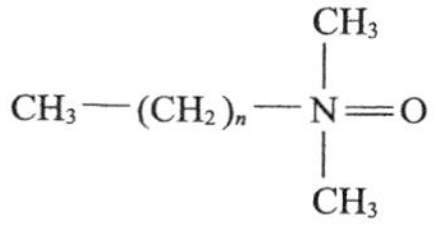

图 2-8 非离子型表面活性剂[(Z)-N,N-二甲基-9-十八烯胺(DMAO)]

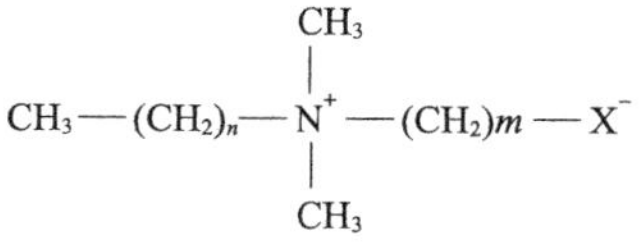

$X^- = COO^-$ 或 SO_3^-

(a) 长链烷基甜菜碱

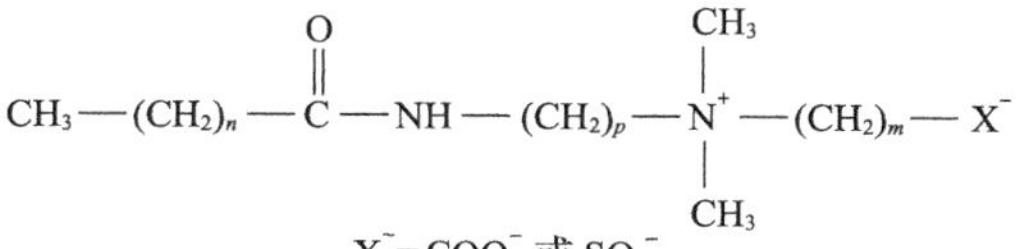

$X^- = COO^-$ 或 SO_3^-

(b) 长链烷基酰胺基甜菜碱

图 2-9 长链烷基甜菜碱两性离子型表面活性剂

表面活性剂的水溶液之所以具有一定的黏度，主要是因为当表面活性剂浓度高于其临界胶束浓度（CMC）时，随着其浓度的继续增加而进行自组装形成棒状胶束而使其表现出黏弹性。大量研究表明：延长表面活性剂的疏水尾基有助于增强其疏水缔合能力和降低界面张力的能力。因此，20 世纪 90 年代美国斯伦贝谢公司的油气田工程师们在理论计算和分子结构模拟的基础上设计并成功合成了最典型的黏弹性表面活性剂——EHAC 和 ETAC[图 2-7(a)和(b)]，并在欧美和中东地

区取得了成功应用。但是,其合成路线复杂(需要进行加氢反应),成本较高,而且在使用过程中容易被地层吸附,因此没有得到进一步推广应用。

图 2-8 和图 2-9 分别是常见的非离子型和两性离子型表面活性剂,二者均具有一定的黏弹性,但目前文献中报道的此类表面活性剂的疏水尾基所含碳原子数一般不超过 18 个,因此其在应用时使用浓度较高。

表面活性剂溶液的流变性能是由其在溶液中通过自组装方式形成的聚集体表现出来的。由于不同结构的表面活性剂分子会自组装形成不同形状的聚集体,表面活性剂的分子结构与其胶束形态及溶液流变性能密切相关。

从低界面张力能力、抗温能力、耐盐能力出发,根据上述理论分析,设计的新型驱油用表面活性剂分子结构如图 2-10 所示。

图 2-10　本书设计的两性黏弹性表面活性剂 $C_mN^+C_nX^-$ 分子结构模型

图 2-10 中两性表面活性剂 $C_mN^+C_nX^-$ 的分子结构由四部分组成:疏水长链 C_m、阳离子 N^+、阴离子 X^-、阴离子和阳离子之间的连接基 C_n。

要达到分子设计要求的指标,特别是要达到同时具有增黏和高界面活性的要求,各结构参数应满足如下基本要求:①C_m 应足够长,从原料来源看,选择碳链长度为 18~30;②从原料来源看,阳离子头基应为 N^+;③阴、阳离子之间的连接基 C_n 对增黏能力和界面活性的影响尚无报道,但其长度受原料来源的影响;④阴离子头基 COO^-。

基于上述考虑,设计出了系列羧酸盐型甜菜碱表面活性剂,如图 2-11 所示。

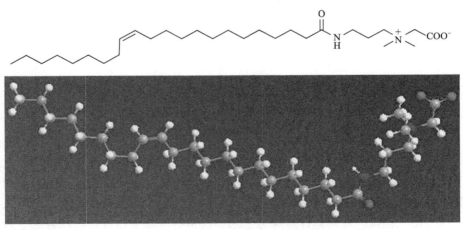

图 2-11　$CU_{22}2C(AB_2C)$ 分子结构和不饱和疏水碳链

从原料来源等角度考虑，设计出了两个系列、7 个超长碳链的两性表面活性剂(图 2-11)：一是碳链长度不同，包括 C_{18}、C_{22}、C_{24} 和 C_{28}；二是疏水碳链饱和与不饱和，包括 CS_{18}、CU_{18} 及 CS_{22}、CU_{22}。

但在原料采购过程中发现，C_{24} 和 C_{28} 的原料十分难以得到，仅国外试剂公司有高纯度试剂，且价格异常昂贵，这显然不适合本书的情况。此外，对前期合成出的系列样品的初步评价发现：合成出的两性表面活性剂中，所有饱和碳链对应的增黏能力均较差，而且溶解性也较差；同时还发现，对于不饱和的 CU_{18} 和 CU_{22}，后者的增黏能力明显优于前者。因此，最终将目标锁定在碳链长度为 22、碳链不饱和的两种两性表面活性剂 AB_2C 上。

(二)合成路线

目前羧基甜菜碱的类型有很多，因此相应的合成路线也多种多样，本书主要采用 N-烷基甜菜碱的合成方法开展实验。

1. α-烷基甜菜碱的合成路线

用高级脂肪酸溴代得到的 α-溴代酸与短链叔胺反应，即得到 α-烷基甜菜碱。

$$RCH_2COOH \xrightarrow{Br_2} RCH(Br)COOH \xrightarrow{(CH_3)_3N} H_3C - \overset{\overset{\displaystyle RCHCOO^-}{\displaystyle |}}{\underset{\underset{\displaystyle CH_3}{\displaystyle |}}{N^+}} - CH_3$$

式中，R 为 $C_8 \sim C_{10}$ 烷基。三甲胺也可用其他叔胺，如三乙胺、三乙醇胺、二甲基乙醇胺、甲基二乙醇胺等代替。方云和夏咏梅[19]以 $C_{12} \sim C_{18}$ 的单离偶碳脂肪酸为原料，分别采用无溶剂法和有溶剂法进行了 α-溴代反应；或以氯磺酸作催化剂，以 O_2 作游离基捕捉剂，以氯气为卤化剂进行气/液相 α-氯代反应，制备相应的 α-卤代脂肪酸，进而以上述 α-卤代酸为原料尝试合成了不同碳链的 α-烷基甜菜碱，以椰油酸和棕榈油酸为原料，合成了 α-混合长链烷基甜菜碱。

2. N-烷基甜菜碱的合成路线

N-烷基甜菜碱的工业制备方法一般采用脂肪族叔胺的季铵化反应，即将 N-烷基 N,N-二甲胺与氯乙酸钠在水溶液中反应。

$$RN(CH_3)_2 + ClCH_2COONa \xrightarrow{H_2O} RN^+(CH_3)_2CH_2COO^- + NaCl$$

3. N-酰胺基取代的羧酸型甜菜碱的合成路线

先由脂肪酸和低分子二元胺进行缩合反应，得到 N,N-二甲基-N′-烷酰基丙胺，再与氯乙酸钠溶液进行季铵化反应即得到产品[20]。反应式为

$$RCOOH + NH_2(CH_2)_nN(CH_3)_2 \longrightarrow RCONH(CH_2)_nN(CH_3)_2$$

$$\xrightarrow{ClCH_2COONa} RCONH(CH_2)_nN+(CH_3)_2COO^-$$

本书首先用芥酸与 N,N-二甲基-1,3-丙二胺发生缩合反应得到叔胺中间体，接着对中间体的叔胺基团进行季铵化反应，得到最终产物(图 2-12)。为了更容易实现产业化，最好能实现反应原料的"一锅煮"，即上述两步反应无需分离提纯而直接加入季铵化试剂直接进行季铵化反应得到终产物，这样既可以简化合成步骤，又可以节约能耗，便于规模化合成。

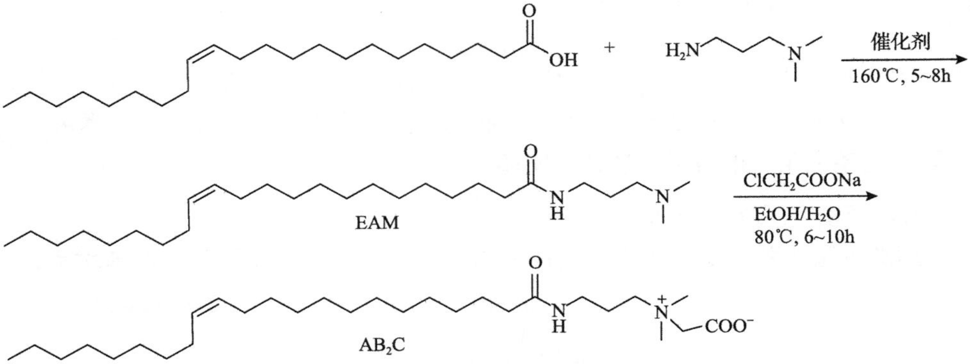

图 2-12　AB₂C 的合成路线

目前，在实验室通过反复优化合成条件，已经能实现"一锅煮"合成，即不需要中间步骤的分离、纯化，以便为实现工业化生产奠定基础。同时，在实验室内成功地进行了 3kg 级(实验室能做的最大容量)的合成实验。

(三)合成条件

将设计量的芥酸与过量的 N,N-二甲基-1,3-丙二胺分别加入三口反应瓶中，以 NaF 作催化剂，将一定的 Al_2O_3 置入反应瓶上方的吸水装置内作吸水剂，通 N_2 保护，升温到 160℃进行脱水酰胺化反应 5～8h，待反应溶液稍冷后将其倾倒入冷丙酮溶液中，搅拌并过滤，再用丙酮反复洗涤 2～3 次，得到的白色固体干燥后即为中间体 EAM。

将中间体 EAM 与过量的氯乙酸钠混合，以乙酸乙酯作溶剂，在 80℃下反应 6～10h，冷却后过滤，滤饼用乙酸乙酯洗涤 2～3 次，干燥后得到最终的表面活性剂 AB₂C。

(四)结构表征

在合成出中间体 EAM 后，首先利用 IR 对其结构进行了初步的定性表征

（图 2-13），发现有目标产物生成，即在 IR 谱中可以看见有酰胺键（C=O 波数 1641.8cm⁻¹）生成。由于 IR 谱只能对化合物进行粗略表征，即用于判断主要官能团，而不能进行十分准确的结构表征。

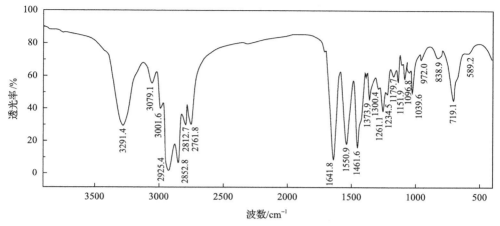

图 2-13　中间产物 EAM 的 IR 图

对中间产物 EAM 进行 ¹H-NMR 表征（图 2-14）。谱图中的化学位移完全能与 EAM 中各基团中 H 原子的化学位移相对应，各个谱峰的积分面积也刚好能与 H 原子个数相吻合。由此可确定此中间体刚好是理论上所需得到的产物。

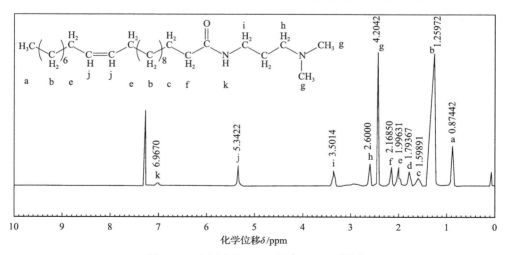

图 2-14　中间产物 EAM 的 ¹H-NMR 谱图

图 2-15 是利用 MS 对合成的 EAM 的结构进行分子量表征的结果，其分子量为 422，刚好与 EAM 的理论分子量相吻合，进一步验证了产物的结构。

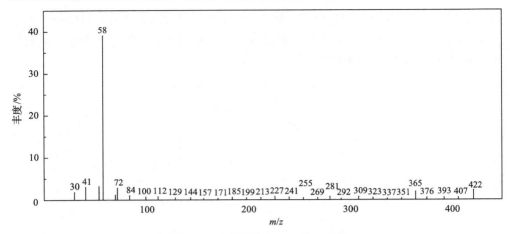

图 2-15　中间产物 EAM 的 MS 图

利用高效液相色谱(HPLC)对合成的 EAM 进行纯度表征(图 2-16),结果表明纯度为 96%。

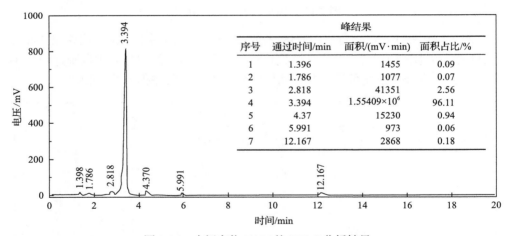

峰结果			
序号	通过时间/min	面积/(mV·min)	面积占比/%
1	1.396	1455	0.09
2	1.786	1077	0.07
3	2.818	41351	2.56
4	3.394	$1.55409×10^6$	96.11
5	4.37	15230	0.94
6	5.991	973	0.06
7	12.167	2868	0.18

图 2-16　中间产物 EAM 的 HPLC 分析结果

图 2-17 是 AB$_2$C 的 ^{1}H-NMR 表征结果。其分子结构中的基团与 ^{1}H-NMR 谱图中的化学位移相吻合,而且谱图中没有杂质峰,因此所得到的产物是我们所设计的 AB$_2$C。

经 HPLC 进一步检测,发现 AB$_2$C 的纯度为 91.41%(图 2-18),杂质部分为其他不同碳链甜菜碱及少量盐类杂质。

以上表征结果说明,所得到的产物与所设计的目标分子结构一致,而且产物的纯度高达 91.4%。

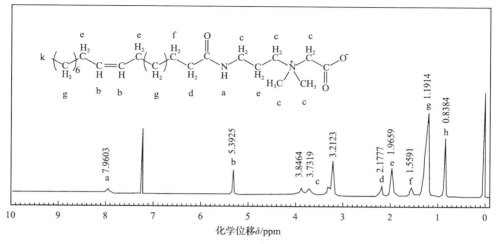

图 2-17　AB$_2$C 的 ^{1}H-NMR 谱图

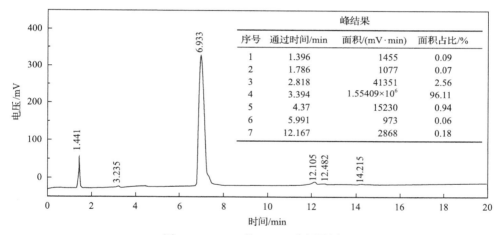

图 2-18　AB$_2$C 的 HPLC 分析结果

二、磺基甜菜碱表面活性剂的设计与合成

由于羧酸根（—COO⁻）耐盐性特别是耐 Ca²⁺、Mg²⁺能力较差，而磺基甜菜碱表面活性剂超强的抗钙、镁离子能力（对钙离子的稳定性在 1800mg/L 以上），以及所表现出来的降低油水界面张力的能力，使得磺基甜菜碱两性表面活性剂在三次采油应用上引起重视。

磺基甜菜碱的结构与羧酸甜菜碱类似，也是三烷基铵内盐化合物，只是用烷基磺酸取代了烷基羧酸。最早的磺基甜菜碱是 James 于 1885 年利用三甲胺和氯乙基磺酸反应制得 2-(三甲基胺)-1-乙基磺酸盐，以后则用长链烷基叔胺和乙烯基磺酸、溴乙磺酸钠等季铵化试剂反应而得。

(一)分子结构设计

磺酸盐是稠油开采、表面活性剂驱油和泡沫驱油配方中用得最多的阴离子型表面活性剂。磺酸盐类表面活性剂的亲水基团是磺酸基($-SO_3^-$)，如按亲油基团分类或者按磺化原料分类，磺酸盐可以分成：①石油磺酸盐(磺酸基在芳环上或者烷环上)；②烷基芳基磺酸盐(磺酸基在芳环上)；③芳基烷基磺酸盐(磺酸基在烷链上)；④烷基和烯基磺酸盐(磺酸基在烃链上)；⑤聚氧乙烯醚磺酸盐(磺酸基在氧乙基链端)；⑥木质素磺酸盐(磺酸基在苯环或亚甲基上)；⑦多环芳烃磺酸盐缩合物(磺酸基在芳环上)等。前五种属于普通阴离子型表面活性剂，最后两种属于高分子阴离子型表面活性剂(分子量大于1000)。

常用的阴离子磺酸盐为石油磺酸盐和烷基苯磺酸盐，其中石油磺酸盐用作驱油剂有如下优点：①表面活性强，能使油水界面张力降至10^{-3}mN/m以下；②来源广，配伍性好，水溶性好，稳定性强；③生产工艺简单，成本低，竞争力强。但石油磺酸盐在应用中也存在一些问题：①易与高价阳离子形成沉淀物；②易被黏土表面吸附，即消耗大。而室内评价结果表明，烷基苯磺酸盐能与大庆原油形成10^{-3}mN/m数量级的超低界面张力，而且界面张力性能稳定，其三元复合体系驱油效率比水驱提高20%以上。但该类表面活性剂结构单一、产品较为固定。

由于磺基甜菜碱分子结构中具有强酸根基团，它是集典型的阴离子性和阳离子性极性于一身的季铵内盐型两性表面活性剂。磺基甜菜碱的性能测试表明，磺基甜菜碱性能全面，不仅具有传统表面活性剂的所有优点，还具有耐高浓度酸、碱、盐等独特的优点，且化学稳定性好、钙皂分散性强、毒性低，不同结构的磺酸基甜菜碱和羟基甜菜碱，在各种情况下都具有很高的初级生物降解度，且在日用化工及其他行业中得到日益广泛的应用。因此甜菜碱向磺基化发展成为趋势。磺基甜菜碱作为新型两性表面活性剂，已被应用于日用化工、油田驱油等领域，通过开发和推广应用，在农药、皮革、纺织、乳胶及制备助剂等方面也将得到广泛应用，这将有利于提高我国精细化工行业的助剂水平。

设计的分子式如下：

R=C₁₁H₂₃, C₁₃H₂₇, C₁₆H₃₁

R=C₁₂H₂₅, C₁₄H₂₉, C₁₆H₃₁

R=C₆H₁₃, C₈H₁₇
C₁₀H₂₁, C₁₂H₂₅
C₁₄H₂₉

（二）合成路线

根据上述目标模板化合物的结构与性能的具体要求，对三类化合物分门别类地进行系统合成研究。根据目标分子结构式，对目标模板分子设计了不同的合成路线，共设计出四条不同的线路，具体线路如下。

路线一：

线路二：

线路三：

线路四：

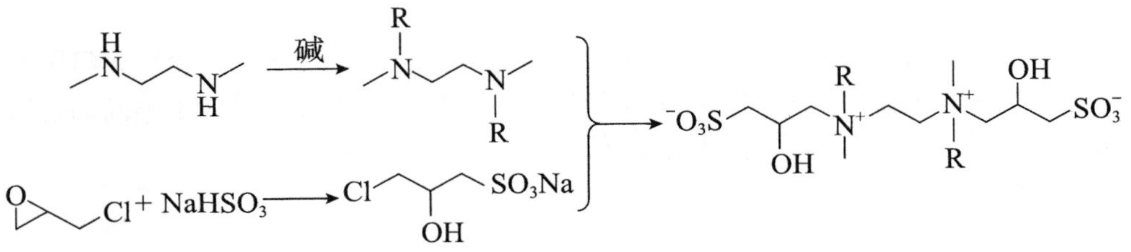

(三)合成条件

1. 2-羟基-3-氯丙磺酸钠的合成

根据上述的设计合成路线，在实际合成中依据实验的具体情况，做了适当的调整与优化。在上述的四条合成路线当中，每条合成路线均需使用 2-羟基-3-氯丙烷磺酸钠。因此，合成的首要任务是该中间体的制备与纯化。根据文献报道，2-羟基-3-氯丙烷磺酸钠均是以环氧氯丙烷为原料，催化剂存在条件下与亚硫酸氢钠进行加成开环反应得到。

有资料报道，将环氧氯丙烷和亚硫酸氢钠、去离子水以及碱性催化剂加入反应器。用氮气驱赶反应器内的氧气后并用氮气加压，在 50~60℃条件下反应来得到游离亚硫酸氢钠质量分数不大于 0.2%的中间体。虽然该方法产品纯度好，但是使用压力反应容器，操作不便。

为了便于操作，实验可将压力反应改为常压下进行。已报道的方法中，某些常压反应条件的收率不及 85%。因此，我们细致地研究了亚硫酸氢钠转化率与时间的关系。在一定的温度和摩尔比条件下，考查时间对转化率的影响，结果见表 2-6。

表 2-6　亚硫酸氢钠的转化率与时间的关系

参数	时间/min				
	0	30	50	70	90
NaHSO$_3$ 质量分数/%	24.7	7.4	4.0	3.45	3.30
NaHSO$_3$ 转化率/%	0	70.0	83.8	86.0	86.7

从表中可看出，随时间的增加，NaHSO$_3$ 质量分数降低，转化率升高，70min 后，转化率变化很小，趋于稳定。

通过考查，发现将亚硫酸氢钠溶解在水中，在常压下加热，通过滴加环氧氯丙烷的方法，能够得到高纯度的 2-羟基-3-氯丙烷磺酸钠。通过提高温度和延长反应时间的方法来获得相同规格的中间体，按照亚硫酸氢钠计，反应的转化率不小于 98.8%。实验尝试了不同的水量和反应温度对产品转化的影响，发现反应温度为 80℃，滴加环氧氯丙烷，加完后回流反应 3h 是最佳条件。由于生成物具有很好的水溶性，反应在稀溶液中进行，后处理时如果不蒸水，则得到的产率较低；如果将反应液中的水量减少，则析出更多的产物。因此，尝试在反应后减压蒸馏除水和将反应在高浓度水溶液中进行等，均以高收率得到目标化合物——2-羟基-3-氯丙烷磺酸钠。此外，将反应后的溶液减压蒸干，可定量地得到白色结晶状固体。该方法得到的产品不含其他杂质，产品指标达到进口试剂的标准。具体合成方法如下：

$$\text{(环氧氯丙烷)} + NaHSO_3 \longrightarrow Cl\text{—}\underset{OH}{CH}\text{—}CH_2SO_3Na$$

将50g亚硫酸氢钠在加热下溶解于100mL水中，加热至70℃，开始缓慢滴加40mL的环氧氯丙烷至其中，反应开始放热。在反应的最初阶段，瓶中有少量油滴浮于液面。加毕，将反应混合物在110℃下加热回流反应3h。稍冷后，将反应混合物于水泵下进行减压蒸馏至基本无水产生，自然冷却。析出白色结晶固体92.5g，产率为95%。熔点为256~259℃（分解）。

2. 酰胺基磺基甜菜碱的合成

酰胺基磺基甜菜碱的结构如下所示：

$$R\text{—}CO\text{—}NH\text{—}(CH_2)_3\text{—}\overset{+}{N}(CH_3)_2\text{—}CH_2\underset{OH}{CH}CH_2SO_3^-$$

目前国内应用的两性表面活性剂是十二烷基甜菜碱(商品名为BS212)，而在国外，BS212的改性衍生物月桂酰胺丙基甜菜碱因具有很多优于BS212的性能而越来越受市场的青睐，且有逐渐取代BS212的趋势。

1)酰胺的合成

月桂酰胺丙基甜菜碱的合成由月桂酰基 N,N-二甲基丙二酰胺的合成和季铵盐两个部分组成。是否能合成优质的月桂酰基 N,N-二甲基丙二酰胺是其中关键的一步。该酰胺是以长链脂肪酸月桂酸为原料，与二甲基丙二胺经过缩合脱水制备。曾有文献简单述及，月桂酰基 N,N-二甲基丙二酰胺的合成方法是以月桂酸和 N,N-二甲基-丙二胺为原料，经过脱水缩合制备而成。因此，研究月桂酰基 N,N-二甲基丙二酰胺合成的优化条件，具有很好的现实意义。通过对该反应的细致深入研究，不仅能够提供品质优良的月桂酰胺基磺基甜菜碱，同时由于合成的相似性，也可对合成同类类似物具有重要的参考和指导价值。因此，在合成酰胺基磺基甜菜碱时，选取 C_{12} 链的月桂酸作为出发点。

$$C_{12}H_{25}\text{—}CO\text{—}NH\text{—}(CH_2)_3\text{—}\overset{+}{N}(CH_3)_2\text{—}CH_2\underset{OH}{CH}CH_2SO_3^-$$

一般快速合成酰胺采用以下方法：将羧酸先与氯化亚砜回流反应，使其转化为相应的酰氯，将过量的氯化亚砜蒸出后，将酰氯溶解在卤代烃溶剂中，在碱性催化剂作用下与二甲基进行酰化。该方法虽然简便、快速、有效，但由于使用氯化亚砜，反应中产生大量环境污染物——氯化氢和二氧化硫，同时反应的操作也不便。

酰胺的另外一种合成方法是使用羧酸和胺直接反应后再在高温下脱水。理论上月桂酰胺由月桂酸和二甲基丙二胺按照摩尔比为 1:1，在 150℃以上经过脱水缩合而得到。实际上在高温缩合反应时，由于二甲基丙二胺常压下沸点仅仅为133℃，且易溶于水，在缩合脱水过程中很容易随生成的水的馏出而被带走。为使反应转化完全，胺往往需要过量。有资料报道，将二者的比例定为 1:1.3，先在常压下 150℃反应 3h，再在相同温度下逐渐减压至 1.33kPa，最后将未反应的二胺除去。该方法对设备密封要求高，稍有泄漏，则空气进入反应体系，胺经高温氧化，使得酰胺颜色变深，最终造成成品色泽差；该方法也有其优点，即反应周期很短。

另外一种工艺是：酸与胺的摩尔比为 1:3，乙酯在氮气保护下经过高温脱水反应得到。该工艺的最大缺点是二胺的用量过大，造成成本过高，该方法不予考虑。

另外还有在实验中尝试补加二胺的方法。首先酸与胺的摩尔比为 1:1.2，在氮气保护下，150℃回流反应缩合脱水，测定酸值降低至 15mg KOH/g 以下。稍冷后，补加少量的胺，维持 150℃继续反应至酸值小于 8mg KOH/g，反应结束。采用两步加胺法，胺的总用量比减压法（1.3mol）略小。采用补加胺的工艺来生产酰胺，克服了以上两种工艺各自的缺点。但该工艺的最大缺点是反应周期长，需要12~15h。

在合成长链脂肪酸的 N,N-丙二胺酰胺时，如果把反应中生成的水从反应体系中除去，利用化学平衡的原理，将有利于产物的转化。因此，在实验的最初阶段，我们使用甲苯作为反应的溶剂，兼作共沸带水剂，在回流状态下反应。由于甲苯的沸点为 110℃，而酰胺的生成需要在 150℃以上才能较快地进行。因此，在苯作溶剂反应时，分水速度缓慢，需要反应数十小时，转化才能够完全。考虑到二甲苯具有 150℃以上的沸点，如果利用其作为反应的溶剂和脱水试剂，在回流温度下，应该能有理想的转化率。所以，在随后的实验中，用二甲苯替换甲苯，在回流状态下分水，实验取得了良好的结果。由于二甲基丙二胺沸点为 133℃，如果在实验刚开始的阶段就直接快速加热回流，势必会造成反应混合物中原料的缺失，从而造成产物的酸值过高。如果要有效地降低体系的酸值，则又需要额外补充少量的二甲基丙二胺。为解决上述矛盾，我们考虑，既然反应首先是通过酸与二甲基丙二胺作用生成羧酸的铵盐。这一反应是定量的，而羧酸的铵盐脱水反应也基本是定量的。反应中酸值过高的主要原因应该是在生成铵盐的阶段。由于直接快速地加热反应，导致羧酸与胺尚未完全转化成铵盐即被蒸出。因此，在后续的重复实验中，详细地探索了反应温度、原料配比以及加料方式等对反应的影响。

（1）反应温度。

反应温度对 N,N-二甲基丙二胺月桂酰胺的合成影响很大，羧酸与氨在较低温度下混合即生成铵盐，反应为放热反应。铵盐在较高温度下脱水生成酰胺。以固定投料方式和投料比，在不同的反应温度下对 N,N-二甲基丙二胺月桂酰胺的合成进行研究。实验结果如表 2-7 所示。从表中可以看出，155℃时产物的游离酸值比160℃时高，这可能是温度太低影响脱水速度，使得部分胺没有参加反应。而在温度超出 160℃时，游离酸值呈增长态势，这可能是部分胺来不及反应即被蒸出，从而影响产率。随着反应温度的升高，产物颜色逐渐加深，这可能是在较高温度下，胺缓慢地被空气中的氧气氧化。

表 2-7　不同反应温度对 N,N-二甲基丙二胺月桂酰胺合成的影响

编号	加料方式	反应温度/℃	酸∶胺	产物游离酸值/(mg/g)	色泽
1	滴加 40min	155	1∶1.1	8.16	白色
2	滴加 40min	160	1∶1.1	5.55	白色
3	滴加 40min	165	1∶1.1	6.68	白色
4	滴加 40min	170	1∶1.1	7.64	淡黄色
5	滴加 40min	180	1∶1.1	7.64	黄色
6	滴加 40min	190	1∶1.1	9.64	黄色

（2）原料配比。

月桂酸较难挥发，而 N,N-二甲基丙二胺却相对容易挥发。从理论上讲，其配比应当是酸与胺的量比小于 1∶1。在 160℃条件下对原料配比进行了研究，实验结果见表 2-8。

表 2-8　原料配比对 N,N-二甲基丙二胺月桂酰胺合成的影响

编号	T/℃	加料方式	酸∶胺	产物游离酸值/(mg/g)
1	160	滴加 40min	1∶1	8.62
2	160	滴加 40min	1∶1	7.11
3	160	滴加 40min	1∶1.1	5.49
4	160	滴加 40min	1∶1.1	6.44

从表 2-8 中可以看出，原料配比为 1∶1.1 时，游离酸值最低。当酸与胺的量比大于 1∶1 时，由于反应温度较高，在滴加胺时有一部分胺来不及反应即被蒸出，使其与酸反应的量不足，产物游离酸值偏高。当酸与胺的量比小于 1∶1 时，游离

酸值又有所回升，这可能是由于胺量增加时，40min 的滴加速度太快，这从另一方面也证明，加料方式对合成有较大的影响。事实上，由于在此类化合物的合成中 N,N-二甲基丙二胺价格昂贵，且当胺过量时，必须考虑胺的污染与回收问题，所以，当酸与胺的量比小于 1∶1 时，已不切实际，难以在工业中推广。

(3) 加料方式。

加料方式对反应是否完全、原料的合理利用意义重大。我们采用先加热溶解月桂酸，然后加入 N,N-二甲基丙二胺的方法，以不同加料方式探索最佳的原料加入方式，其结果见表 2-9。从表中可知，N,N-二甲基丙二胺的最佳加入方式为缓慢滴加 40min。当滴加时间短时，游离酸值高，这可能是由于胺滴加过快时，反应液中胺浓度过高，使部分胺易被蒸出，而当滴加速度为 50min 时，游离酸值反而高于滴加 40min 时的游离酸值，其原因可能是反应 30～40min 后，铵盐脱水，有大量水蒸气蒸出，滴入的胺尚未到达反应液即被水蒸气带走，从而使参加反应的胺量减少。一次和两次加入 N,N-二甲基丙二胺都有可能因加入溶液胺浓度过高，使部分胺挥发而致游离酸值升高。

表 2-9　加料方式对 N,N-二甲基丙二胺月桂酰胺合成的影响

编号	T/℃	加料方式	酸∶胺	产物游离酸值/(mg/g)
1	160	滴加 20min	1∶1.1	6.46
2	160	滴加 30min	1∶1.1	6.23
3	160	滴加 40min	1∶1.1	5.54
4	160	滴加 50min	1∶1.1	6.93
5	160	一次加入	1∶1.1	7.55
6	160	两次加入	1∶1.1	7.05

(4) 具体实验条件。

根据上述实验，对合成 N,N-二甲基丙二胺月桂酰胺各影响因素进行了细致的探索，找到最佳的反应条件如下。

滴加 40min，回流分水 160℃，酸∶胺为 1∶1.1。

根据上述条件做实验，最终选取如下条件进行反应。

将羧酸和胺按照摩尔比以 1∶1.1 的配比混合，首先在 40～60℃条件下预先加热反应 2h，使其发生完全的转化，定量生成羧酸铵盐。再利用二甲苯高温共沸带水的手段，实现快速脱水。反应结束后，将二甲苯直接通过减压蒸馏回收，残留物即为所需酰胺。该酰胺纯度高达 98%，反应转化率达到 99%。

(5) 具体实验方法。

在圆底烧瓶中加入 40g(0.2mol) 的月桂酸和 28mL(0.21mol) N,N-二甲基丙二

胺，加入 250mL 二甲苯。在 50℃氮气保护下，加热搅拌反应 2h。将反应改为回流分水装置，在 155℃下加热回流分水反应 4h。通过计算分水器内生成的水量，判断反应进行的程度。停止加热后，将其中的二甲苯减压蒸出，得到黏稠的蜡状液体，自然冷却后，析出白色固体。

2）酰胺基磺基甜菜碱的合成

酰胺基磺基甜菜碱由 2-羟基-3-氯丙烷磺酸钠与长链脂肪酰胺二甲基丙胺经反应脱除氯化钠得到：

$$Cl\diagdown_{OH}^{}\diagup SO_3Na + R\diagdown C\diagup_O^{} \diagdown N\diagup_H^{} \diagdown N\diagup \longrightarrow R\diagdown C\diagup_O^{} \diagdown N\diagup_H^{} \diagdown \overset{+}{N}\diagup \diagdown_{OH}^{} \diagup SO_3^- + NaCl$$

（1）反应条件。

酰胺基磺基甜菜碱的品质、色泽和胺味与酰胺化条件的控制（如物料配比、反应温度和时间、空气进入与否）密切相关。当采用减压法合成酰胺时，在设备无泄漏情况下，高温时间短，未反应的二胺易被减压除去。用此洗涤过的酰胺制造酰胺基磺基甜菜碱，可有效改善色泽和减少产品中的胺味。

在合成酰胺基磺基甜菜碱时，从反应的配比看，中间体和物料的配比以 1:1 最佳。首先，原料的利用率可以达到 100%，尽管利用某一原料过量的方法在合成反应中被广泛使用以利于提高反应速度和转化率，但该手段在合成酰胺基磺基甜菜碱时，任何一种过量的原料都会造成反应后处理工作量的大幅度增加，因此，1:1 混合配比有利于反应结束后产品的分离纯化过程的简化。反应时间的长短对产物的转化也有较大的影响。在不加入催化剂情况下，反应时间越短，转化越不完全，具体数据见表 2-10。

表 2-10　反应时间与 NaCl 含量的关系

反应温度/℃	反应时间/h	NaCl 含量/%	25°折光率 n_D^{25}
60~70	3	4.8	1.4182
60~70	5	5.01	1.4187
60~70	8	5.08	1.4205

在形成酰胺基磺基甜菜碱的反应中，这是一个典型的双分子亲核取代反应：即 N,N-二甲基丙二酰胺的三取代氮原子上的孤电子对亲核进攻 3-氯-2-羟基丙烷磺酸钠。在双分子亲核取代中，反应速度与底物的结构、亲核试剂的类型、离去基团的性质以及反应所需要溶剂和温度均对反应有很大的影响。在其他因素确定的情况下，反应温度高，有利于反应向产物方向进行。因此，在合成酰胺基磺基甜菜碱时，适当地提高反应温度会加深反应程度。由于在该反应中，亲核试剂是

N,N-二甲基丙二酰胺的三取代氮原子上的孤电子对,3-氯-2-羟基丙烷磺酸钠中的氯原子作为离去基团,参与反应。在亲核取代反应中,离去基团的离去能力越强,则化学反应越容易进行。由于氯离子是好的亲核试剂,但作为离去基团而言,其离去能力差,在反应中失去氯负离子形成氯化钠的速度缓慢。在亲核取代反应中,如果加入催化量的碱金属碘化物,如碘化钠或碘化钾,即可有效地加速化学转化,这是因为加入的碘化物在反应体系中作为非常好的亲核试剂,能够将 3-氯-2-羟基丙烷磺酸钠中的氯取代为 3-碘代-2-羟基丙烷磺酸钠。而碘负离子作为良好的离去基团,又可以非常容易地离去。因此,当生成的 3-碘代-2-羟基丙烷磺酸钠与 N,N-二甲基丙二酰胺的三取代氮原子上的孤电子对反应形成季铵盐时,碘负离子非常容易地离去,加速了化学转化;生成的碘负离子再重新与溶液中的 3-氯-2-羟基丙烷磺酸钠反应,周而复始地循环参与取代反应。所以,在合成中,加入催化量的碘化钠或碘化钾,可有效地加速反应的进行。

(2)具体实验条件。

将中间体和酰胺按照 1:1 的比例投入反应器中。加入溶剂,在 60~70℃下搅拌反应 0.5h。物料由不透明乳状液体变成透明液。在此温度下继续反应数小时,通过对生成的氯化钠含量的测定,判断反应进程。反应结束后,进行后处理,得到产品。

(3)具体实验方法。

将 0.2mol 的 2-羟基-3-氯丙烷磺酸钠溶解于 200mL 水中,加热溶解。将 0.2mol 的 N,N-二甲基丙二胺酰胺溶解于 10mL 乙醇中,并将上述两种溶液混合均匀。加入 0.5g 碘化钠作催化剂,在 70℃下反应 5h。冷却,过滤其中的不溶杂质。减压浓缩体积至半,分出有机层;将浓缩得到的残留物进行重结晶或减压蒸馏操作,进行纯化,得到纯品。

3. 长链脂肪胺型磺基甜菜碱的合成

长链脂肪胺型磺基甜菜碱的结构通式如下:

$$R-\overset{+}{\underset{|}{N}}\diagdown \underset{OH}{\diagup}\diagdown SO_3^-$$

早期有报道称,羟基磺丙基甜菜碱可以通过先将叔胺与环氧氯丙烷反应,随后用亚硫酸氢钠处理,得到两种羟基磺基甜菜碱的混合物:

$$\underset{R}{\overset{|}{N}}+\overset{O}{\triangle}\diagdown Cl+NaHSO_3 \longrightarrow R-\overset{+}{\underset{|}{N}}\diagdown \underset{OH}{\diagup}\diagdown SO_3^- + \overset{+}{\underset{|}{N}}\diagdown \underset{OH}{\diagup}\diagdown SO_3^-$$

第二种产物的生成,可能与环氧开环的区域选择性有关。

除此以外，另一条反应路径是先将亚硫酸氢钠加入到环氧氯丙烷中制备 2-羟基-3-氯丙烷磺酸钠，反应为离子化历程；再将 *N*,*N*-二甲基取代的长链脂肪烷基叔胺胺与 2-羟基-3-氯丙烷磺酸钠反应，得到确定结构的单一化合物：

$$\text{R—N(CH}_3)_2 + \text{Cl—CH}_2\text{CH(OH)CH}_2\text{SO}_3\text{Na} \longrightarrow \text{R—N}^+(\text{CH}_3)_2\text{CH}_2\text{CH(OH)CH}_2\text{SO}_3^- + \text{NaCl}$$

式中，R=C$_{12}$，C$_{14}$。该方法可制得成分单一、纯度较高的含羟基的磺基甜菜碱产物。

前已详细讨论了中间体 2-羟基-3-氯丙烷磺酸钠的合成。因此合成该类型磺基甜菜碱的主要难点在于另外一个中间体——*N*,*N*-二甲基取代的长链脂肪胺的制备方法以及其与 2-羟基-3-氯丙烷磺酸钠季铵化反应。

1）叔胺的合成

叔胺的合成方法众多，其中 *N*,*N*-二甲基取代的长链脂肪酰胺的还原反应是获得叔胺的方法之一。但该方法需要在高压、特殊催化剂等反应条件下使用，虽然能够制备纯粹的叔胺，但并无实际的应用价值。

$$\text{R}'\text{—CO—N(CH}_3)_2 \xrightarrow{\text{H}_2} \text{(CH}_3)_2\text{N—R}$$

也可通过在特殊催化剂催化下利用长链脂肪醇作为烷基化试剂与二甲胺作用来制备，如下所示：

$$\text{R—OH} + \text{HN(CH}_3)_2 \longrightarrow \text{(CH}_3)_2\text{N—R}$$

但该方法采用的特殊催化剂和较高的反应温度与压力不适用于规模化生产。

使用直链脂肪族卤代烃与二甲胺作用是目前最为简便的获得叔胺的方法。反应式如下。

$$\text{R—X} + \text{HN(CH}_3)_2 \longrightarrow \text{(CH}_3)_2\text{N—R}$$

直链脂肪族卤代烃与二甲胺反应先生成铵盐，然后在加热或碱性催化剂作用下失去卤化氢，即得到所需的叔胺。因此，我们优选该路线来合成所需要的叔胺。

采用该方法合成叔胺的影响因素较多，主要是反应温度、反应时间、反应物料配比以及碱的用量、浓度及投入方式。其中温度是影响本步反应的重要因素。反应温度过低，反应速度缓慢；温度过高，则形成季铵盐的可能性增大，同时其中之一的反应原料——二甲胺，随着反应体系温度的升高，其挥发不可避免，继而造成产率的大幅度降低，因此反应温度不宜超过 80℃。

　　反应时间的长短也对反应有较大影响。延长反应时间，有利于提高反应的转化率。将反应混合物加热至80℃，回流反应8h，再静置12h，反应转化率高达93%。而再继续延长时间，转化效果并无显著改观。

　　另外，参与反应的卤代烃的活性对反应的速度也有较大影响。胺的烷基化反应实质上是典型的双分子亲核取代反应，其中亲核试剂是二甲胺。在该反应中，卤代烃中的卤原子是作为离去基团参与反应的。离去基团的离去能力越强，相应的化学反应就越容易进行。在卤原子当中，氯的离去能力较差。因此，使用氯代烃进行反应，反应速度较慢。如果在反应中使用活性较高的溴代烃，其反应速度会有较大幅度的提升。从理论上讲，碘代烃是反应活性最活泼的，其参与化学反应的速度也应当最快。但是，其高的反应活性也有其负面作用，一方面，由于高的反应活性，其更加容易与反应当中的叔胺再进行烷基化反应得到季铵盐；另外一方面，碘代烷的价格要远高于相应的氯代烷和溴代烷，并且碘代烷的原子利用率低下，造成合成成本过高。因此，最佳的反应条件是使用溴代烃，加入适量的碘化钠或碘化钾作催化剂。

　　投料比的控制有利于使所需的叔胺占主要份额。在胺的烷基化反应中，除了生成所需的叔胺外，生成的叔胺又可以和卤代烃继续发生反应，生成卤代季铵盐。因此在胺的烷基化反应中投料比的控制十分重要。二甲胺价格低廉，易挥发，因此在合成叔胺时，采用二甲胺过量的方法，即二甲胺与卤代烃摩尔比为 5 : 1 的方法，可有效降低副产物卤代季铵盐的含量。采用该配比，转化率高达91%。二甲胺的配比也不可过高，若比例过大，不仅会造成合成成本的增加，也会造成另一反应物的相对浓度过低，从而影响化学反应发生的速度。

　　反应体系中加入 NaOH 会加快反应的速度。由于 NaOH 的加入，其与反应生成的卤化氢发生中和反应，促进反应向叔胺方向进行。同时也可避免生成的卤化氢与二级胺反应而造成不必要的消耗。碱的投入方式也对反应有明显的影响。碱一次性加入或加入过快，不仅会造成二甲胺挥发而造成损失，也可能会使卤代烃发生取代或消除反应，造成最终转化率的降低。因此，碱的投入应当以分批少量缓慢加入为宜。

　　实验方法：将 0.2mol 卤代烃缓慢滴加到 100mL 二甲胺的水溶液中，反应放热，加毕，缓慢升温至80℃，加热回流2h。加入溶解2g NaOH 得到的水溶液，以后每隔2h加入2g NaOH，共加入8g NaOH。继续加热反应4h，自然冷却后将反应混合物放置过夜。将反应混合物以二氯甲烷萃取，经过水洗后干燥，蒸出溶剂后将残留物进行减压蒸馏，收集稳定的馏分，得到所需的叔胺。其结构经 ^{1}H-NMR、^{13}C-NMR、IR 及 MS 确证。

　　采用相同的反应途径得到 C_{14} 叔胺。合成中间体的数据见表2-11。

表 2-11　合成中间体参数表

编号	卤代烃	叔胺产率/%	20°折光率 n_D^{20}
1	$C_{12}H_{25}Br$	91	1.4365
2	$C_{14}H_{29}Br$	90	

2）脂肪胺型磺基甜菜碱的合成

（1）合成条件。

长链烷基叔胺与 2-羟基-3-氯丙烷磺酸钠反应合成磺基甜菜碱符合二级动力学反应，因此醇溶剂对加快和完成季铵化反应有利。实验时采用单或多羟基的低级醇。为保证长链叔胺的亲核活性，反应宜在碱性条件下进行，但催化剂碱性太强，会造成 2-羟基-3-氯丙烷磺酸钠水解，故必须控制催化剂的碱性和用量。3-氯-2-羟基丙烷磺酸钠当中的氯原子作为离去基团参与反应。在合成中，加入催化量的碘化钠或碘化钾，可有效加速反应。

在固定原料配比、催化剂用量及溶剂用量条件下，考查了反应温度、反应时间、溶剂种类这三个因素对反应的影响。每个因素取三个水平，其正交设计见表 2-12 和表 2-13。

表 2-12　正交设计因素水平表

因素	A：反应温度/℃	B：反应时间/h	C：溶剂类型
水平 1	70	4	丙三醇
水平 2	80	7	异丙醇
水平 3	90	10	乙醇

表 2-13　正交实验结果

	因素	A：反应温度/℃	B：反应时间/h	C：溶剂类型	叔胺转化率/%
编号	1	70	4	乙醇	86.3
	2	70	7	异丙醇	86.3
	3	70	10	丙三醇	90.3
	4	80	4	乙醇	87.7
	5	80	7	异丙醇	88.9
	6	80	10	丙三醇	85.0
	7	90	4	乙醇	90.3
	8	90	7	异丙醇	86.8
	9	90	10	丙三醇	88.5
结果	K1	87.6	88.1	90.2	
	K2	87.5	87.9	87.5	
	K3	88.5	87.9	86.0	
	R	1.0	0.4	4.2	

从实验结果可以看出：极差 $R_C > R_A > R_B$，说明溶剂的种类对反应影响最大，反应温度和反应时间对反应影响很小。90℃时的叔胺转化率略高于70℃、80℃，反应时间为 4～10h，叔胺转化率变化不大，为了降低能耗以 4h 为优。所以，合成产品最优条件为 A3B1C1，即 70℃，在乙醇中反应 4h。

通过实验发现，在 pH 为 8～9 条件下反应速度最佳。将中间体和酰胺按照 1∶1 比例投入反应器中。加入溶剂，在 60～70℃搅拌反应 0.5h，物料由不透明乳状液体变成透明液。在该温度下继续反应数小时，通过对生成的氯化钠含量进行测定，判断反应进程。反应结束后，使用稀盐酸将其酸化至 pH 为 7，得到的粗产物经过重结晶提纯。产物经过 ^{1}H-NMR、^{13}C-NMR、IR 及 MS 确证。

（2）叔胺转化率的计算。

准确称量反应产物，在 100℃烘去水分和低分子醇类，以高氯酸为滴定剂，甲基紫为指示剂，进行滴定。滴定结果表明，产物中的叔胺含量小于 5%。

采用该工艺路线合成十二烷基磺基甜菜碱，工艺安全实用，叔胺的转化率可达 95%以上，具有实现中试的可能。

（3）具体实验步骤。

在四口瓶中加入 0.2mol 的 2-羟基-3-氯丙烷磺酸钠、水及低分子醇，升温，搅拌。当温度升高到 75℃时，加入 0.2mol 二甲基十二烷基胺，加入氢氧化钠水溶液以保持体系 pH 为 8～9。滴加完后维持该温度继续反应 4h。反应结束后，冷却反应混合物，以环己烷萃取除去叔胺，除去溶剂，得到标题化合物，收率为 91%。

采用相同的反应途径得到 C_{14} 和 C_{16} 脂肪胺型磺基甜菜碱。合成产品的产率数据见表 2-14。

表 2-14   合成产品的产率

编号	叔胺	产率/%
1	C_{12}	92
2	C_{14}	91
3	C_{16}	90

4. 孪连型磺基甜菜碱的合成

孪连型磺基甜菜碱表面活性剂是近年来报道的一类新的油田用驱油表面活性剂，目前研究工作尚处于新兴阶段，相关的报道较少。从国内外情况来看，关于新型孪连型表面活性剂的研究都处于起步阶段，绝大部分仍停留在理论探讨阶段，但这并不意味着孪连型表面活性剂效果不好，而是因为孪连型表面活性剂是一种新型表面活性剂，人们对它的研究不够深入，也正是由于它优良的性能吸引着世界许多科研院所及规模较大的石油公司进行基础研究。因此开发探索新型孪连型磺基甜菜碱表面活性剂不仅具有重要的理论研究意义，而且对指导油田开展驱油相关实验研究也具有重要的参考价值。

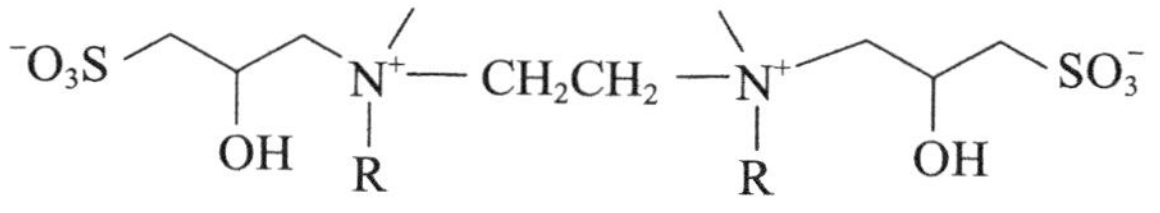

孪连型

从此类化合物的结构来看，它们是一类具有良好对称性的分子。因此，借助于其的高度对称性进行合成。

采用 2-羟基-3-氯丙烷磺酸钠与 *N*-甲基长链脂肪胺的反应。合成路线如下所示。

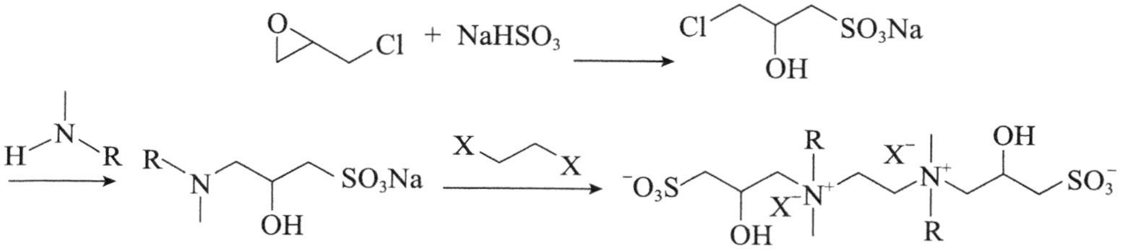

首先，2-羟基-3-氯丙烷磺酸钠与 *N*-甲基长链脂肪胺发生烷基化反应，生成叔胺。所得的叔胺再与 C_2 链单元的卤代物进行反应，失去卤化钠而得到产品。

在此合成路线中，合成的难点在于关键中间体仲胺——*N*-甲基脂肪胺的制备，以及后续的连片偶联反应。

1) *N*-甲基脂肪胺的合成

N-甲基脂肪胺的一般制备途径是通过 *N*-甲基酰胺的催化还原或化学还原实现，反应如下所示：

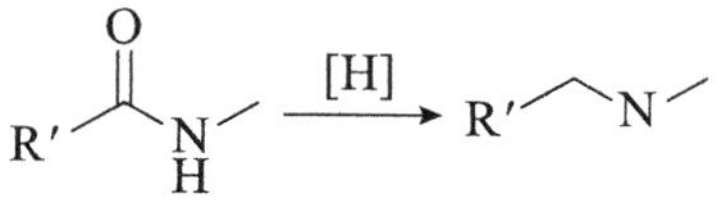

但此类反应往往需要高温高压和特殊的化学试剂，虽然产物的纯度易于控制，但从合成成本和操作的简便性方面来看，不适合大规模制备。

除此之外，采用长链脂肪胺经过 *N*-甲基化反应，也可以方便地实现该转化。其中 *N*-取代的甲基来自甲醛的还原胺化反应：

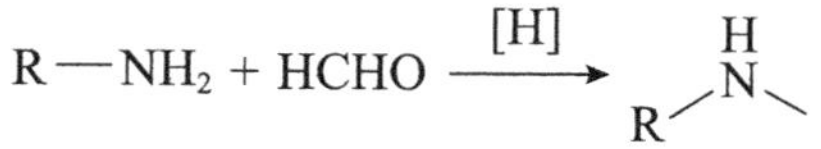

从已有的合成报道来看，该反应收率较高，反应的产率可高达 99%。但从合成成本考虑，由于长链脂肪胺价格昂贵，且该还原胺化反应需要使用特殊的还原试剂，它没有实际使用价值。

此外，利用甲胺与脂肪族长链卤代烃或醇进行直接烷基化反应，也是其中主要的方法之一，反应如下：

$$R-X + MeNH_2 \xrightarrow{\ OH^-\ } R \overset{\overset{H}{|}}{N} Me + HX$$

$$R-OH + MeNH_2 \xrightarrow{\text{催化剂}} R \overset{\overset{H}{|}}{N} Me + H_2O$$

使用醇作为烷基化试剂，在工业生产中易于实现；而使用卤代烃进行烷基化，在实验室中便于操作。因此，对于合成所需的仲胺——N-甲基脂肪胺来说，这无疑是一条易于实现的制备途径。因此，使用直链脂肪族卤代烃与甲胺作用是目前最简便的获得叔胺的方法。

直链脂肪族卤代烃与甲胺反应首先生成铵盐，在加热或碱性催化剂作用下失去卤化氢，即得到所需仲胺。

采用该方法合成仲胺的影响因素较多，主要是反应温度、反应时间、反应物料配比及碱的用量、浓度及投入方式。其中温度是影响本步反应最重要的因素。反应温度过低，反应速度缓慢；而温度过高，则形成季铵盐的可能性增大，同时其中之一的反应原料——甲胺，随着反应体系温度的升高，其挥发不可避免，继而造成产率的大幅度降低，因此反应温度不宜超过 80℃。

反应时间的长短也对反应有较大影响。延长反应时间，有利于提高反应的转化率。将反应混合物加热至 80℃，回流反应 8h，再静置 12h，反应转化率高达 94%。若再继续延长时间，反应效果并无显著改观。

投料比的控制有利于使所需的仲胺占主要份额。在胺的烷基化反应中，除了生成所需要的仲胺外，生成的仲胺又可以和卤代烃继续发生反应，生成叔胺和卤代季铵盐。因此在胺的烷基化反应中投料比的控制十分重要。甲胺价格低廉，易于挥发，因此在合成仲胺时，采用甲胺过量的方法，即甲胺与卤代烃摩尔比为 8：1 的方法，可有效降低副产物叔胺和卤代季铵盐的含量。采用该配比，转化率高达 91%。另外甲胺的配比也不可过高，若比例过大，不仅会造成合成成本的增加，还会造成另一反应物的相对浓度过低，从而影响化学反应发生的速度。

反应体系中加入氢氧化钠会加快反应的速度。由于氢氧化钠的加入，其与反应生成的卤化氢发生中和反应，促进反应向仲胺方向进行。同时可避免生成的卤化氢与二级胺反应而造成不必要的消耗。碱的投入方式也对反应有明显的影响，碱一次性加入或加入过快，不仅会造成甲胺挥发而导致损失，也可能会使卤代烃发生取代或消除反应，造成最终转化率的降低。因此，碱的投入应当以分批少量缓慢加入为宜。具体实验方法如下。

将 0.2mol 卤代烃缓慢滴加到 100mL 甲胺的水溶液中（反应放热），加毕，缓慢升温至 80℃，加热回流 2h，加入溶解 2g NaOH 得到的水溶液，以后每隔 2h 加入 2g NaOH，共加入 8.2g NaOH。继续加热反应 4h。自然冷却后将反应混合物放置过夜。将反应混合物以二氯甲烷萃取，经过水洗后干燥，蒸出溶剂后将残留物进行减压蒸馏，收集稳定的馏分，得到所需的仲胺。其结构经 ^{1}H-NMR、^{13}C-NMR、IR 及 MS 确证。

采用相同的反应途径得到 C_{14} 仲胺。

室温下，边搅拌边将 0.2mol 卤代烃缓慢滴加到 100mL 甲胺的水溶液中（反应放热），加毕，室温下继续搅拌 36h，得到澄清的溶液。减压蒸出溶解后，得到的白色固体为 N-甲基脂肪胺的氢溴酸盐。将该盐加水溶解，用 2mol/L 氢氧化钠碱化至 pH=8，出现油层。用乙酸乙酯萃取三遍，合并有机层，经过水洗后干燥，蒸出溶剂后得到淡黄色黏稠油状液体。其结构经 ^{1}H-NMR、^{13}C-NMR、IR 及 MS 确证。由于采用该方法产物后处理简单有效，同时有效地抑制了其他副反应产物的生成，因此在后续实验中合成仲胺均采用该方法。

合成仲胺的数据如表 2-15 所示。

表 2-15 碳数与产率关系

编号	卤代烃	仲胺产率/%	n_D^{20}
1	$C_6H_{13}Br$	95	1.4298
2	$C_8H_{17}Br$	91	1.4688
3	$C_{10}H_{21}Br$	90	1.5211
4	$C_{12}H_{25}Br$	94	1.4398
5	$C_{14}H_{29}Br$	92	1.4690

2）孪连型磺基甜菜碱的合成

（1）汇聚式合成孪连型磺基甜菜碱。

利用孪连型磺基甜菜碱分子的对称性结构特点，将其可分拆为两部分，即取代的乙二胺片段和 2-羟基-3-氯丙烷磺酸钠片段，结构式如下：

孪连型磺基甜菜碱通过两分子 2-羟基-3-氯丙烷磺酸钠与 1 分子 1,2-对称取代的乙二胺发生分子间的亲核取代反应来制备。

采用汇聚式合成路线，合成总收率要较前一线性路线要高，唯一的合成难点在于两个关键片段——对称四取代的乙二胺的来源以及与 2-羟基-3-氯丙烷磺酸钠的偶联反应。

采用该方法的关键在于对称双叔胺的合成。而双叔胺的合成也有以下两种选择：

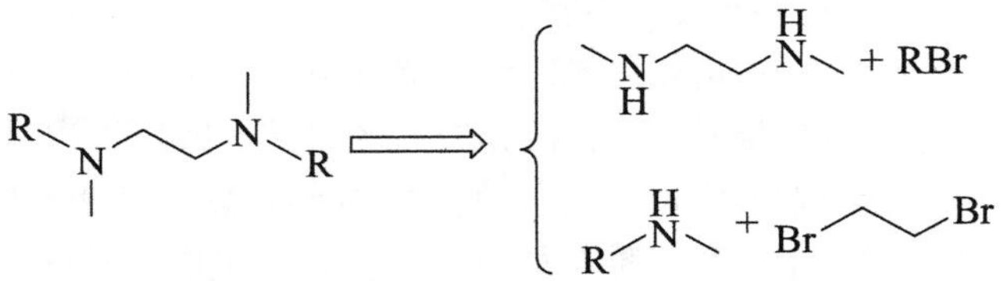

一种途径是利用 N,N'-二甲基乙二胺和溴代烷反应来获得，另外一种途径则是采用前述的 N-甲基脂肪胺与对称的二溴代烷烃进行偶联。前者需要使用价格昂贵的对称二胺，特别是将其中的 C_2 单元更换为长度更长的碳链时，原料的来源就更加困难，因此优选后者，即采用 N-甲基脂肪胺与不同碳链长度对称的二溴代烷烃进行偶联来合成不同系列的对称长链脂肪叔胺。

采用 N-甲基脂肪仲胺与 1,2-二溴乙烷反应，这是典型的亲核取代反应，加入催化剂碘化钠有助于反应的快速进行。由于生成的对称叔胺在水溶液中具有很大的溶解度，因此，在后续处理过程中需要避免水洗，以防止水溶性造成产物的流失。因此，反应在无水介质中进行，反应中产生的酸则通过用无水碳酸钾中和的办法去除。因此优选的条件为：1,2-二溴乙烷：N-甲基脂肪仲胺：无水碳酸钾=1∶2∶2.5（质量比）。1,2-二溴乙烷和 N-甲基脂肪仲胺的配比为 1∶2 是从原料利用的经济性角度考量的，而碳酸钾过量的目的则是维持反应所需的碱性条件，以便生成的叔胺可以游离出来。采用此优化条件，可高收率得到对称叔胺。

具体实验条件如下：将前述合成的 N-甲基脂肪胺（0.2mol）溶解在 250mL 无水乙醇中，加入 0.25mol 的无水碳酸钾，随后加入 0.1mol 的 1,2-二溴乙烷。加毕，在氮气保护下加热回流搅拌反应 36h。稍冷后减压蒸出溶剂，得到碳酸钾与对称叔胺的混合物。向此混合物中加入 200mL 乙酸乙酯，在室温下搅拌 20min，抽滤，固体残渣用乙酸乙酯 200mL×2 洗涤，有机相合并，减压蒸出溶剂，得到对称二叔胺为黏稠状淡黄色液体，实验结果见表 2-16。

表 2-16　（C_a）NMe-C_2-NMe（C_a）实验结果

C_a	产率/%	性状
C_{10}	93	淡黄色黏稠液体
C_{12}	91	淡黄色黏稠液体
C_{14}	91	淡黄色黏稠液体

将上述仲胺与 1,3-二溴丙烷反应，实验结果见表 2-17。

表 2-17　(C_a)NMe-C_3-NMe(C_a)实验结果

C_a	产率/%	性状
C_6	94	淡黄色黏稠液体
C_8	91	淡黄色黏稠液体
C_{10}	93	淡黄色黏稠液体
C_{12}	91	淡黄色黏稠液体
C_{14}	92	淡黄色黏稠液体

(2)长链烷基叔胺与 2-羟基-3-氯丙烷磺酸钠的偶联合成孪连型磺基甜菜碱。

通过长链烷基叔胺与 2-羟基-3-氯丙烷磺酸钠反应合成孪连型磺基甜菜碱是典型的双分子亲核取代反应。该反应宜在质子性溶剂中进行，符合二级动力学反应，因此醇溶剂对加快和完成季铵化反应有利。实验时采用单或多羟基的低级醇。为保证长链叔胺的亲核活性，反应宜在碱性条件下进行，但催化剂碱性太强，会造成 2-羟基-3-氯丙烷磺酸钠的水解，故必须控制催化剂的碱性和用量。3-氯-2-羟基丙烷磺酸钠中的氯原子作为离去基团参与反应。在合成中，加入催化量的碘化钠或碘化钾，可有效地加速反应的进行。

在合成孪连型磺基甜菜碱时，从反应的配比来说，中间体 2-羟基-3-氯丙烷磺酸钠与对称四取代乙二胺的配比为 2∶1 时最佳。首先，原料的利用可以达到100%，尽管利用某一原料过量的方法在合成反应中被广泛使用以利于提高反应速度和转化率，但该手段在合成酰胺基磺基甜菜碱时，任何一种过量的原料都会造成反应后处理工作量的大幅度增加，因此，有利于反应结束后产品的分离和纯化过程的简化。

将中间体 2-羟基-3-氯丙烷磺酸钠与对称四取代乙二胺按照 2∶1 比例投入反应器中。加入溶剂，在 60～70℃下搅拌反应 0.5h。物料由不透明乳状液体变成透明液。在该温度下继续反应数小时，通过对生成的氯化钠含量的测定，来判断反应的进程。反应结束后，进行后处理，得到产品。

在固定原料配比、催化剂用量及溶剂用量条件下，考查了反应温度、反应时间、溶剂种类三个因素对反应的影响。从实验结果分析，得到最佳的反应条件为75℃，长链烷基叔胺与 2-羟基-3-氯丙烷磺酸钠以 1∶2 混合配比，在乙醇中加热反应 10h。通过实验发现，在 pH 为 8～9 条件下反应速度最佳。反应结束后，调节 pH 至 8，得到的粗产物经简单处理后得到标题化合物。

在使用(C_a)NMe-C_2-NMe(C_a)(a=10、12、14)系列的对称叔胺与 2-羟基-3-氯丙烷磺酸钠发生偶联反应时，由于中间 C_2 链较短，造成该结构中的中心电荷过于集中，在偶联反应中的排斥作用过强，通过加压、升温以及大幅度延长反应时间等手段，均未能发生有效的反应，没有得到 C_2 系列的孪连型磺基甜菜碱，得到的仍然是二者的混合物。

在使用 $(C_a)NMe\text{-}C_3\text{-}NMe(C_a)$（$a$=6、8、10、12、14）系列的对称叔胺与 2-羟基-3-氯丙烷磺酸钠发生偶联反应时，由于中间 C_3 链相比 C_2 链对称叔胺结构中的中心电荷相互排斥的作用有所减缓，通过升温以及大幅度延长反应时间等手段，顺利得到了 5 个 C_3 系列的孪连型磺基甜菜碱表面活性剂。

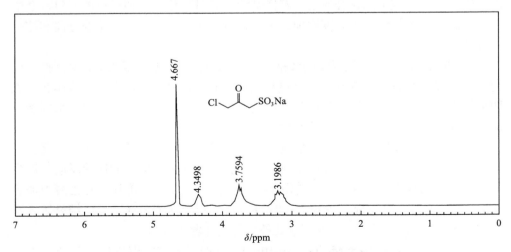

具体实验如下：将 0.1mol $(C_a)NMe\text{-}C_n\text{-}NMe(C_a)$（$n$=3）系列的对称叔胺溶解于 250mL 95%乙醇中，再加入 0.2mol 的 2-羟基-3-氯丙烷磺酸钠和 0.5g 碘化钠，加热回流反应 10h。反应瓶中出现大量泡沫，稍冷后减压脱除乙醇得到标题化合物。

（四）结构表征

1. 2-羟基-3-氯丙磺酸钠的谱图

2-羟基-3-氯丙磺酸钠有 3 组不同化学环境的氢原子。在 ^{1}H-NMR 谱图（图 2-19）中，共有 3 组信号，分别为 δ: 3.20，2H 为 1 号碳的氢；δ: 3.76，2H 为 3 号碳的氢；δ: 4.35，1H 为 2 号碳的氢，比例为 2：2：1。

图 2-19　2-羟基-3-氯丙磺酸钠的 ^{1}H-NMR 谱图

2-羟基-3-氯丙磺酸钠有 3 组不同化学环境的碳原子，在 ^{13}C-NMR 谱图（图 2-20）

中，共有 3 组信号，分别为 δ: 48.77，为 3 号碳原子；δ: 54.45，为 1 号碳原子；δ: 76.48，为 2 号碳原子。

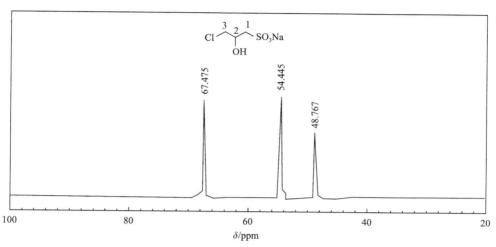

图 2-20　2-羟基-3-氯丙磺酸钠的 ^{13}C-NMR 谱图

2. 酰胺基磺基甜菜碱的结构表征

1）N,N-二甲基丙二胺十四酰胺的结构表征

N,N-二甲基丙二胺十四酰胺 ^{1}H-NMR 和 ^{13}C-NMR 谱图见图 2-21 和图 2-22。

在 N,N-二甲基丙二胺十四酰胺的结构中，特征信号是十四酰基碳链上的末端甲基、羰基以及 N,N-二甲基丙二胺残基的信号。在 ^{1}H-NMR 谱图中，δ: 0.78，3H 为十四酰基末端—CH$_3$ 的信号；δ: 1.35 的氢为十四酰基上的直链—CH$_2$—的信号；

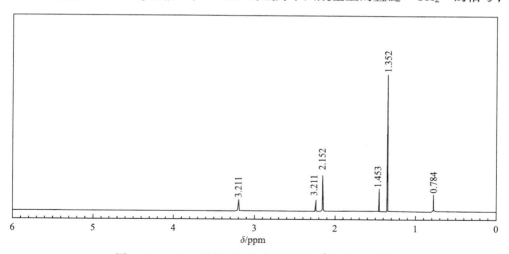

图 2-21　N,N-二甲基丙二胺十四酰胺的 ^{1}H-NMR 谱图

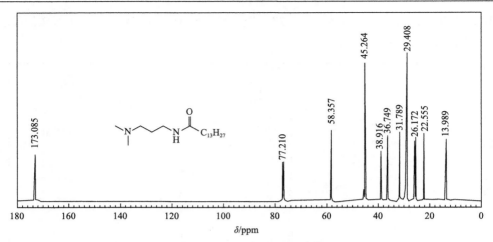

图 2-22　N,N-二甲基丙二胺十四酰胺的 ^{13}C-NMR 谱图

δ：1.45，4H 为 2 号—CH$_2$—和十四酰基上的直链中的一组—CH$_2$—信号，均为多重峰；δ：2.15，6H 为氮原子上的两个 CH$_3$；δ：2.24，2H 为 4 号—CH$_2$—的信号；δ：3.20，2H 为 2 号—CH$_2$—的信号。

在 ^{13}C-NMR 中：δ：13.99 为十四酰基碳链上的末端信号；δ：45.26 为氮原子上的甲基信号；δ：58.36 为 4 号碳原子的信号；δ：173.09 为酰基上羰基的信号。

2) C$_{14}$ 酰胺磺基甜菜碱的结构表征

C$_{14}$ 酰胺磺基甜菜碱为 N,N-二甲基丙二胺十四酰胺和 2-羟基-3-氯丙烷磺酸钠反应脱除氯化钠的产物。因此，C$_{14}$ 酰胺磺基甜菜碱的 ^{1}H-NMR 谱图的信号应当含有 N,N-二甲基丙二胺十四酰胺和 2-羟基-3-氯丙烷磺酸钠谱图中对应的信号。对照 N,N-二甲基丙二胺十四酰胺和 2-羟基-3-氯丙烷磺酸钠的 ^{1}H-NMR 谱图信号与 C$_{14}$ 酰胺磺基甜菜碱的 ^{1}H-NMR 谱图信号，发现在 C$_{14}$ 酰胺磺基甜菜碱的样品谱图中，完整地包含了 N,N-二甲基丙二胺十四酰胺和 2-羟基-3-氯丙烷磺酸钠的信号。因此，推断合成产品结构无误。

在 C$_{14}$ 酰胺磺基甜菜碱 ^{1}H-NMR 谱图中（图 2-23），δ：0.81 为十四酰基末端—CH$_3$ 的信号；δ：1.19 为十四酰基长链—CH$_2$—的信号；δ：2.32 为 N,N-二甲基丙二胺残基中氮甲基的信号；δ：3.00～4.00 的信号为 2-羟基-3-氯丙烷磺酸钠残基部分的特征信号。

3. 脂肪胺型磺基甜菜碱的结构表征

产物脂肪胺型磺基甜菜碱的 IR 图如图 2-24 所示。

由图 2-24 可知：2925.5cm^{-1} 和 2854.2cm^{-1} 分别是—CH$_2$—的反对称伸缩振动峰和对称伸缩振动峰；3386.4cm^{-1} 是—OH 的伸缩振动峰；1207.2cm^{-1} 和 624.8cm^{-1} 分别是—SO$_3^-$ 的反对称伸缩振动峰和面外弯曲振动峰；1052.9cm^{-1} 是叔胺 R$_1$R$_2$R$_3$N 中 C—N 的伸缩振动峰。

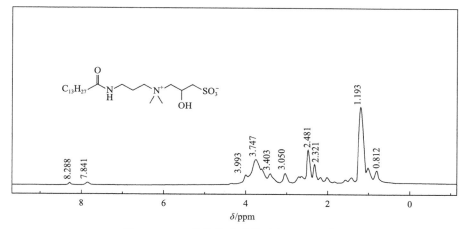

图 2-23　C_{14} 酰胺磺基甜菜碱 ^{1}H-NMR 谱图

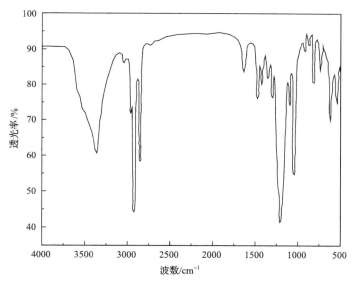

图 2-24　产物脂肪胺型磺基甜菜碱的 IR 图

目标产物的 ^{1}H-NMR 谱图如图 2-25 所示。

为进一步确证分子结构，采用 ^{1}H-NMR 对产物进行表征（图 2-25）。由图可以看出，δ：0.85 为产物末端—CH_3 的峰，δ：1.27 为产物长链—CH_2—的峰，δ：2.82 和 δ：3.01 为产物—NCH_3 的峰，δ：3.19 为产物—OH 的峰，δ：3.42 为产物—CH_2SO_3 的峰，谱图中的化学位移能与 C_{16}HSB 中各基团中的 H 原子的化学位移相对应，这进一步证明所合成的磺基甜菜碱表面活性剂的结构与分子设计的结构一致。

4. 孪连型磺基甜菜碱的结构表征

产物孪连型磺基甜菜碱的 MS 和 IR 图如图 2-26 和图 2-27 所示。

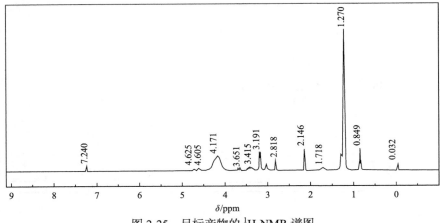

图 2-25　目标产物的 ^{1}H-NMR 谱图

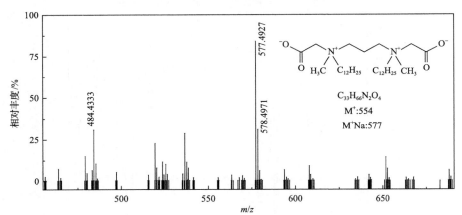

图 2-26　孪连型磺基甜菜碱的 MS 图

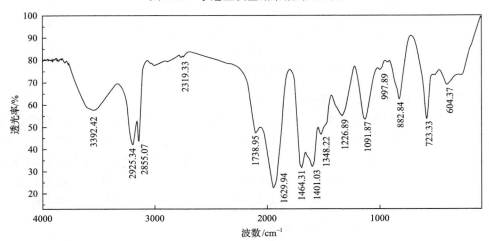

图 2-27　孪连型磺基甜菜碱的 IR 图

参 考 文 献

[1] 方云. 两性表面活性剂[M]. 北京: 中国轻工业出版社, 2001.

[2] 仇莉, 吴芳, 张弛, 等. 驱油用表面活性剂的发展及界面张力研究[J]. 西安石油大学学报(自然科学版), 2010, 25(6): 59-65, 112.

[3] 杨建平, 李兆敏, 李宜强. 复合驱驱油用无碱表面活性剂筛选[J]. 石油钻采工艺, 2007, (5): 62-64, 122.

[4] 董三宝, 郑延成, 张晓梅, 等. 驱油用脂肪醇醚改性表面活性剂研究进展[J]. 广东化工, 2013, 40(9): 40, 68-69.

[5] 李团乐, 王俊明, 周旭光, 等. 醇醚羧酸型乳化/抗硬水剂在水基金属加工液中应用进展[J]. 润滑油, 2016, 31(6): 17-21.

[6] 翁星华, 张万福. 非离子表面活性剂的应用[M]. 北京: 中国轻工业出版社, 1983.

[7] 夏纪鼎, 倪永全. 表面活性剂和洗涤剂化学与工艺学[M]. 北京: 中国轻工业出版社, 1997.

[8] 胡星琪, 赵田红. 表面活性剂科学及其在油气田开发中的应用[M]. 北京: 化学工业出版社, 2013.

[9] 陈锋. 表面活性剂性质、结构、计算与应用[M]. 合肥: 中国科学技术出版社, 2004.

[10] 郑忠, 胡纪华. 表面活性剂的物理化学原理[M]. 广州: 华南理工大学出版社, 1995.

[11] 中国石油天然气集团公司人事服务中心. 原油分析工[M]. 北京: 石油工业出版社, 2004.

[12] 赵国玺. 表面活性剂物理化学[M]. 北京: 北京大学出版社, 1984.

[13] Bruson H A. Aryloxypoly alkylene ether sulfonates: US 2115192[P]. 1938-04-26.

[14] 芦艳, 卢大山, 张广洲, 等. 脂肪醇聚氧乙烯醚(5)磺酸盐的合成与耐温耐盐性能[J]. 石油学报(石油加工), 2013, 29(4): 700-705.

[15] 刘晓臣, 霍月青, 牛金平. 烷基醇(酚)聚氧乙烯醚磺酸盐合成的研究进展[J]. 中国洗涤用品工业, 2018, (3): 36-42.

[16] 刘淑芝, 刘晶, 高清河, 等. 驱油用脂肪醇聚氧乙烯醚磺酸盐研究进展[J]. 化学工业与工程技术, 2014, 35(2): 31-35.

[17] 汪学良, 刘猛帅, 赵地顺, 等. 脂肪醇聚氧乙烯醚磺酸盐的合成研究进展[J]. 河北师范大学学报(自然科学版), 2013, 37(2): 205-210.

[18] 程侣柏. 精细化工产品的合成及应用[M]. 大连: 大连理工大学出版社, 2007.

[19] 方云, 夏咏梅. 两性表面活性剂(八)两性表面活性剂的合成[J]. 日用化学工业, 2001, 32(4): 56-60.

[20] 郭辉, 庄玉伟, 庞海岩, 等. 脂肪酸酰胺丙基二甲基叔胺的绿色合成研究[J]. 河南科学, 2019, 37(3): 375-380.

第三章　驱油用表面活性剂性能评价

在三次采油所用的化学复合驱技术中，表面活性剂利用其高界面活性，可显著降低油水界面张力，增大毛细管数，另外，表面活性剂在岩石表面的吸附可改变岩石的润湿性，减少表面活性剂在油砂上的损耗，降低原油在岩石表面的黏附力，促使原油从岩石上脱附并有效分散，实现对残余油的有效驱动，从而提高采收率。根据复合驱驱油原理研究，表面活性剂在降低油水界面张力、转变油层岩石表面润湿性及残余油流动性方面发挥着重要作用，是驱油体系必不可少的重要成分[1]。

从 20 世纪 60 年代开始研究驱油用表面活性剂，根据表面活性剂的结构，主要有阴离子表面活性剂、非离子表面活性剂及两性表面活性剂（表 3-1）。目前在三次采油中，一般使用的阴离子表面活性剂为石油磺酸盐、烷基苯磺酸盐及改性木质素磺酸盐，它们具有来源广、数量大和价格低的优点。非离子表面活性剂的亲油基一般是烃链或聚氧丙烯链，亲水基大部分是聚氧丙烯链、羟基或醚键等[2]。烷醇酰胺、脂肪醇聚氧乙烯醚在胜利油田二元驱中与石油磺酸盐复配应用效果明显。另外，α-烯烃磺酸盐、非离子表面活性剂、生物表面活性剂及新型表面活性剂如 Gemini 表面活性剂、氟表面活性剂、硅表面活性剂等，也正逐步被开发和应用于三次采油[3,4]。

表 3-1　驱油用表面活性剂种类

时间	驱油用活性剂类型
2000 年前	石油磺酸盐、石油羧酸盐、非离子活性剂
	烷基苯磺酸盐
	阴非复配活性剂（OCT）等
2000 年之后	石油磺酸盐、重烷基苯磺酸盐、非离子活性剂
	阴非两性活性剂

伴随二元驱在矿场的成功和推广，对化学驱油用表面活性剂的需求量越来越大，同时，复杂的油藏条件对表面活性剂提出了越来越高的要求。因此，质量、性能优良的表面活性剂成为化学驱发展和规模扩大的重要条件，控制表面活性剂的质量和性能也能成为复合驱矿场成功的重要技术保证。

表面活性剂组成复杂，其应用性能不仅与油藏矿化度、温度等有关，还与目的区块的原油性能有关。由于胜利油田不同区块油水性质差异大，只用理化指标来确保高效的应用性能存在一些困难，针对胜利油田的油藏特点，在实验室建立了一个统一的表面活性剂评价标准来开展表面活性剂的筛选评价工作。

第一节 基本物化性能

基本物化性能是表面活性剂能否适用的一个基本要求，因此必须先针对试验区块开展表面活性剂基本物化性能评价，然后开展其他性能评价。

(一)外观

外观反映了样品的颜色、状态，通过肉眼观察即可。

(二)溶液 pH

表面活性剂溶液 pH 的大小影响表面活性剂的性能，pH 太小使得表面活性剂易于吸附，pH 太大说明碱过量，易于结垢，因此表面活性剂最好呈中性。这里需要特别提出的是，石油磺酸盐原液比较黏稠，且含有 20%的未磺化油，其对 pH 计的电极有污染且很难清理，导致测量数据不稳，因此不能用 pH 计直接测量，一般用精密 pH 试纸进行测试。

(三)溶解性能

溶解性能的好坏可以用溶解时间表示。溶解时间是指定量的试样溶解在定量的溶液中所需的时间，溶解时间关系到溶解性能的好坏，是与注入性、界面张力、投资成本等相关的参数。一般规定表面活性剂溶液浓度为 10%，温度为 40℃。

(四)固含量

固含量是指表面活性剂样品除去溶剂等挥发物质后固体物质的含量，通常用百分数表示。它是评价表面活性剂质量性能的一个重要指标。一般表面活性剂的固含量应在 45%以上。

(五)活性物和未磺化油

这主要是针对石油磺酸盐而定的一个评价指标。石油磺酸和碱中和后的产物是一种混合物，它由石油磺酸钠(称活性物或有效物)、无机盐(主要为硫酸钠，其次为氯化钠)、不皂化物(指不与烧碱反应的物质，主要是不溶于水、无表面活性的油类)和大量的水组成。一般来说，除去无机盐和未磺化的油后，石油磺酸盐的活性组分大部分是有支链结构的多烷基芳基单磺酸盐，一小部分是多烷基芳基双磺酸盐，此外还有极少量的多磺酸盐。因此其组成仍然很复杂，人们采用"当量"的概念来表征石油磺酸盐，其定义为分子量与分子中所含磺酸基个数的比值。在单磺化的情况下，石油磺酸盐的当量即为其分子量[5]。当原料组成变化时，磺酸盐的化学结构和质量变化相当大。原料组成的复杂性决定了石油磺酸盐的组成同样复杂，石油磺酸盐的当量分布变化可能相当宽，适当分离可以得到一系列不同当量的组分，即便如此，也只是使当量分布变窄。一般认为高当量的石油磺酸盐为油溶性，可以显著降低界面张力，但水溶性不好，耐盐性差；低当量的为水溶性，对高当量组分在水中具有增溶作用；中等当量的为油水两溶性[6]。

石油磺酸盐的组分分析所用试剂为无水乙醇、石油醚、异丙醇、正丁醇、正戊烷，均为分析纯试剂。

1. 挥发物含量的测定

分别称取石油磺酸盐样品 15.000g，放入烘箱，在 110℃下烘干 5h，室温恒重，取两次实验平均值，计算挥发物含量。

2. 无机盐的分离与含量测定

准确称取恒重后的样品 8.000g，用 20mL 50℃左右的无水乙醇充分溶解，在 85℃水浴中加热，减压过滤。用 10mL 热无水乙醇和石油醚交替洗涤不溶物，直到滤液无色为止。将不溶物置于烘箱，在 110℃下干燥 3.5h，室温下恒重，该不溶物即为无机盐。

3. 活性组分和未磺化油的分离与含量测定

(1)将上述滤液移到分液漏斗中。

(2)在 30℃恒温箱中以 60mL 戊烷萃取，重复萃取 5 次，上层变为无色。

(3)将上相蒸馏浓缩至 80mL，并转移至分液漏斗中，用 30mL 50%异丙醇/水反相萃取 7 次，将下相与步骤(2)中的下相合并。

(4)将步骤(3)中得到的下相转移到恒重称量的烧杯中，在 93℃水浴上蒸发，除去溶剂后，置于五氧化二磷真空干燥器中，在红外灯下加热干燥约 4h，放入真空干燥箱中，在 50℃、真空度 620mmHg 下干燥 6h 至恒重，得到其质量，计算活性组分的含量。

(5)将步骤(3)中得到的上相(戊烷相)在 30℃水浴上蒸发除溶剂后，在 110℃烘箱中放置 2h，恒重得到未磺化油。

通过上述实验，得到了挥发物含量测定、无机盐的分离及含量测定、活性物和未磺化油的分离和含量，胜利油田勘察设计研究院有限公司生产的石油磺酸盐的检测结果见表 3-2。

从表中的数据可以看出，胜利磺酸盐有效含量为 35%～45%，中和不完全，pH 偏酸性，未磺化油含量也偏高。

表 3-2　石油磺酸盐成分分析结果

样品编号	pH	活性物/%	挥发组分/%	未磺化油/%	无机盐杂质/%
SPS-03	6.2	44.15	26.7	15.0	9.03
SPS-03	5.1	44.2	26.42	21.88	1.5
SPS-Ⅱ	5.9	39.91	37.26	17.82	1.89
SPS-1	7.1	40.99	36.11	20.46	0.32
SPS-01	7.2	40.22	37.52	22.05	0.21
SPS-1	5.9	35.84	32.41	19.1	5.89
SLPS-2	5.6	40.22	5.3	28.62	10.71

（六）界面张力

界面张力是垂直通过液液界面上任一单位长度、与界面相切的收缩界面的力。液液分散体系中分散相大致呈球形便是它作用的结果。界面张力以 IFT 表示，单位是 mN/m。三次采油通过降低油水间的界面张力以大大减小将油滴从岩石表面剥离下来所需克服的黏附功和将大油滴分散成小油滴需做的分散功，因此黏附在岩石表面和滞留于孔隙中的残余油更容易分割成小油滴而随着驱替液移运，从而被采出[7]。而在水驱过程中，油和水分便占据整个喉道端面，当驱油体系与原油能够形成较低的界面张力时，在同一孔隙内就会出现油水并行流动的状况，驱油体系与原油间形成比较低的界面张力（$10^{-3} \sim 10^{-2}$mN/m），孔隙内的剩余油还会被拉成长长的油线，这些油线形成了剩余油的流动通道，降低了剩余油启动移运的阻力，剩余油沿着油线向前运动，最后被并入其他流动的残余油中或被拉断成小油滴驱替出来。油水界面张力越低，这样的油线就越容易形成，形成的油线就越长，也就会使更多的残余油被驱替出来。因此界面张力是衡量表面活性剂产品质量优劣的决定性指标，界面张力值越低，对提高原油采收率的贡献也就越大。

界面张力的大小主要取决于表面活性剂在油水界面处吸附的分子数和吸附强度。界面吸附的表面活性剂分子数越多，吸附强度越高，界面张力就越低。其与表面活性剂类型、实验用水、实验用油、实验温度等多种因素有关。对于一个固定的体系，一般要求油水界面张力小于等于 10^{-2}mN/m。

实验条件：温度 65℃，Texas-500 型旋转滴界面张力仪。

实验用水：海上注入水（Ca^{2+}、Mg^{2+}浓度为 1700mg/L，总矿化度为 32868mg/L）。

实验用油：1A-4 井原油。

表 3-3 是不同类型表面活性剂降低油水间界面张力的能力。

由表 3-3 中数据可以看出，在海水条件下，磺酸盐型表面活性剂降低 1A-4 井原油界面张力在 10^{-2}mN/m，石油磺酸盐降低界面张力能力差，主要是由于磺酸盐型表面活性剂为阴离子型表面活性剂，当体系中 Ca^{2+}、Mg^{2+}等阳离子浓度达到一

表 3-3　不同类型表面活性剂降低油水界面张力的能力

序号	活性剂名称	活性剂类型	浓度/%	界面张力/(mN/m)	备注
1	AOS	烯烃磺酸盐	0.3	3.7×10^{-1}	
2	双基 1#	磺酸盐型孪连	0.3	2.2×10^{-2}	
3	SYPS-1	石油磺酸盐	0.4	1.4×10^{-1}	
4	PS-1	磺酸盐	0.4		球
5	PS-2		0.4	1.0×10^{-2}	
6	月桂醇聚氧乙烯醚(5)	非离子型	0.2		椭球
7	月桂醇聚氧乙烯醚(6)		0.2		椭球
8	月桂醇聚氧乙烯醚(7)		0.2		球
9	OP-7 乙酸钠	阴非	0.3		球
10	脂肪酸聚氧乙烯醚硫酸酯钠		0.3	3.3×10^{-1}	
11	SOP-7 硫酸酯钠		0.2	1.1×10^{-1}	
12	WS-7	两性	0.2	1.0×10^{-3}	支链烷基聚氧乙烯醚疏型
13	1#		0.3	1.5×10^{-3}	
14	2#		0.3	4.4×10^{-2}	
15	WB-1	复配	0.3	1.4×10^{-3}	
16	WE-7		0.3	1.9×10^{-3}	
17	WF-3		0.3	1.7×10^{-3}	
18	5221		0.2	1.0×10^{-1}	
19	5222		0.2	2.3×10^{-4}	
20	5223		0.2	1.0×10^{-2}	
21	7281		0.3	3.1×10^{-1}	
22	7271		0.3	2.3×10^{-3}	
23	7272		0.3		椭球
24	7273		0.3	4.2×10^{-1}	
25	7274		0.3		球
26	7275		0.3	4.7×10^{-3}	
27	7301		0.3		椭球
28	7303		0.3		椭球
29	8101		0.3		椭球

定程度时，磺酸盐易与二价阳离子形成磺酸钙、磺酸镁，从而使磺酸盐表面活性剂的活性大大降低。普通的非离子表面活性剂的缺点是浊点低，不仅不能用于温

度超过浊点的地层，而且浊点还随着水中含盐量的增加而降低；而阴离子、阳离子及两性表面活性剂强烈的盐敏效应也无法满足需要。因此，为了克服上述表面活性剂的缺点，可以将两种不同性质的亲水基团(非离子基团和阴离子基团)设计在同一个表面活性剂分子中，能兼具阴离子型和非离子型表面活性剂的优点，形成优势互补、性能优良的非离子-阴离子两性表面活性剂[8]。而聚氧乙烯醚磺酸盐或聚氧乙烯醚羧酸盐正是这种表面活性剂的优良代表，从抗矿盐能力来看，聚氧乙烯醚磺酸盐要强于聚氧乙烯醚羧酸盐。

第二节　应 用 性 能

表面活性剂产品是否适用于某一特定的油藏条件，应用性能评价是一个重要的评价指标。通过对这些性能的评价，可以确定这种表面活性剂在什么条件下可以使用(如地层温度、矿化度、二价离子)，能否进入矿场。

一、超低界面张力浓度窗口评价

表面活性剂使用浓度的高低决定着复合驱的经济效益，为确定表面活性剂的浓度，使经济效益最大化，因此超低界面张力浓度窗口是评价表活剂质量性能的一个重要指标。

实验条件：温度 65℃，Texas-500 型旋转滴界面张力仪。

实验用水：海上注入水(Ca^{2+}、Mg^{2+}浓度为 1700mg/L，总矿化度为 32868mg/L)。

实验用油：1A-4 井原油。

作者分析了 WS-7、SD-100、WB-1、WF-3 四种表面活性剂浓度为 0.05%、0.1%、0.2%、0.3%、0.4%和 0.6%时对 1A-4 井原油在污水条件下的界面张力，结果见表 3-4 和图 3-1。

由表 3-4 及图 3-1 可以看出四种表面活性剂在 0.1%～0.6%范围内均可使 1A-4 井原油界面张力降到 10^{-2}mN/m 以下，具有较宽的浓度窗口。

表 3-4　不同浓度 WS-7、SD-100、WB-1、WF-3 降低 1A-4 井原油界面张力的数据

(单位：mN/m)

表面活性剂	不同浓度下的原油界面张力					
	0.05%	0.1%	0.2%	0.3%	0.4%	0.6%
WS-7	2.5×10^{-3}	1.5×10^{-3}	4.1×10^{-4}	2.4×10^{-4}	3.4×10^{-4}	2.8×10^{-3}
SD-100	—	1.1×10^{-3}	6.2×10^{-4}	7.8×10^{-4}	6.5×10^{-4}	5.0×10^{-4}
WB-1	—	1.9×10^{-3}	3.8×10^{-3}	1.4×10^{-3}	1.9×10^{-3}	1.1×10^{-2}
WF-3	—	—	2.9×10^{-3}	1.7×10^{-3}	2.6×10^{-3}	1.0×10^{-2}

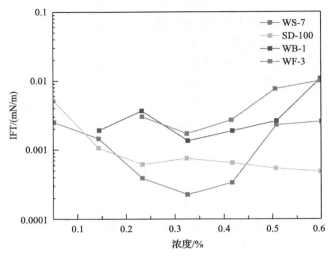

图 3-1　不同浓度的表面活性剂降低 1A-4 井原油的界面张力

二、体系抗钙、镁能力评价

地层水中的二价离子容易与活性剂极性头结合，生成沉淀，对配方体系的界面张力影响很大，同时二价阳离子比一价阳离子对聚合物溶液的黏度影响也很大，因此体系的抗钙、镁能力也是一个重要的评价指标。

实验条件：温度 65℃，Texas-500 型旋转滴界面张力仪。

实验用水：海上注入水（Ca^{2+}、Mg^{2+} 浓度为 1700mg/L，总矿化度为 32868mg/L）。

实验用油：1A-4 井原油。

以不含钙、镁离子的胜坨注入水为基础，加入 $CaCl_2$，观察现象，测定体系的界面张力。

由表 3-5 和图 3-2 可以看出，WS-7、SD-100、WB-1 和 WF-3 四种表面活性剂具有很好的抗钙、镁能力。

表 3-5　WS-7、SD-100、WB-1 和 WF-3 抗钙、镁能力

表面活性剂	不同钙和镁离子浓度下的界面张力/(mN/m)		
	1577mg/L	2000mg/L	2500mg/L
0.3% WS-7	2.4×10^{-4}	5.1×10^{-4}	6.2×10^{-4}
0.3% SD-100	7.8×10^{-4}	8.3×10^{-4}	2.0×10^{-3}
0.3% WB-1	6.3×10^{-3}	2.9×10^{-3}	1.4×10^{-3}
0.3% WF-3	2.6×10^{-3}	1.4×10^{-3}	1.7×10^{-3}

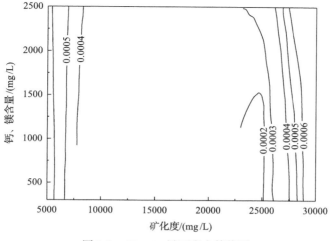

图 3-2 SD-100 界面张力等值图

三、洗油能力评价

采收率是由体系在油层中的波及效率和对原油的洗油效率决定的，因此洗油能力是配方设计的一个重要指标。

将地层油砂洗净后与试验区块原油按 5∶1 比例(质量比)混合，放入地层温度下恒温老化 7 天，每天定时用玻璃棒搅拌，使油砂混合均匀。油砂老化好后，用三角瓶称取定量(5g)的油砂与 0.3%的表面活性剂溶液(50g)按一定比例(1∶10)混合，在油藏温度下老化 48h，期间定时摇动。老化一段时间后，将上部溶液部分倒入分液漏斗，使用石油醚萃取溶液中的原油，依据标准《碎屑岩油藏注水水质推荐指标及分析方法》(SY/T 5329—1994)测定上层溶液中的原油含量。表面活性剂的油膜洗脱性能用洗脱率表示，如下所示：

$$R=m/M\times100\%$$

式中，R 为洗脱率，%；m 为上层溶液中的原油量，g；M 为油砂中的原油量，g。

四种表面活性剂对 1A-4 井原油的洗脱能力分析如表 3-6 所示。

表 3-6 表面活性剂洗油能力分析

配方	0.4% WB-1	0.4% WF-3	0.4% SD-100	0.4% WS-7
洗油能力/%	46.7	40.5	2.8	8.5

通过洗油能力试验可以看出，四种表面活性剂中 WB-1、WF-3 两种表面活性剂洗油能力优于 SD-100 和 WS-7。

四、化学剂吸附损耗

化学剂在地层运移过程中会与岩石发生作用，化学剂的结构不同，吸附损耗的程度也将不同，但是化学剂的吸附损耗将影响协同作用的发挥，因此必须测定化学剂的吸附量，以确定化学剂的最低用量。

(一)静态吸附损耗量

模拟油藏温度，采用油藏的实际油砂或洗净的石英砂进行实验。配置配方浓度的化学剂溶液，在水浴振荡器中振荡 24h，取出振荡前后的化学剂进行浓度检测，化学剂的减少量即为吸附损失量。一般石油磺酸盐、聚合物浓度采用 HPLC 法进行检测。

表 3-7 为聚合物与氨基乙磺酸(BES)活性剂在孤东油砂上的吸附结果，聚合物单一体系聚合物的吸附量比复合体系中聚合物的吸附量小，活性剂 BES 复合体系的吸附要比单一体系小。

表 3-7　化学剂静态吸附损耗表

化学剂	单一体系吸附量/(mg/g 砂)	复配体系吸附量/(mg/g 砂)
聚合物	0.042	0.24
BES	2.83	1.57

(二)动态吸附损耗量

动态吸附损耗试验是为了模拟二元驱配方在地层运移过程中的吸附损耗量，分为段塞注入与连续注入两种方式，段塞注入方式是先注入与实验方案所设计的注入量相等的化学剂总量，然后直至监测出口流出液的化学剂浓度为零时，终止试验。连续注入方式为连续注入配方直到出口浓度平稳接近注入浓度为止。

试验方法：动态吸附试验在直径为 2.0cm、长度为 20cm 的模型上进行。试验前对模型进行抽真空并饱和水。①注入 0.3PV(孔隙体积)的驱替液，然后转水驱，检测出口浓度至零时结束实验。②连续注入化学剂，检测出口浓度至平衡。

表 3-8 给出了连续注入和段塞注入条件下，聚合物、活性剂的动态吸附损耗。连续注入与段塞式注入下的活性剂吸附量都极低。聚合物的段塞注入吸附量也很低，结果对配方中化学剂用量的减少非常有利。

(三)表面活性剂吸附损耗对界面张力的影响

为了考查复配体系经岩石吸附后的界面张力变化，将不同的复配体系以 3：1 的比例与洗净烘干的油砂混合。在 65℃的水浴中振荡 24h。取出后离心处理，测得不同体系吸附前后界面张力的变化情况，结果见表 3-9。

表 3-8　活性剂和聚合物的动态吸附结果表

项目	体系	吸附量/(mg/g 砂)
3530S	段塞注入	0.0129
PS	段塞注入	1.88×10^{-3}
BES	段塞注入	4.47×10^{-3}
BES	连续注入	1.71
PS	连续注入	0.149

表 3-9　吸附损耗实验数据

界面张力	配方	
	0.4% WB-1	0.4% WF-3
吸附前界面张力/(mN/m)	3.4×10^{-3}	1.4×10^{-3}
吸附后界面张力/(mN/m)	9.1×10^{-3}	5.5×10^{-2}

　　活性剂被吸附了一部分之后浓度下降，导致复合驱油体系界面张力值有所提高，但一般仍能保持超低界面张力。吸附后其界面张力明显增加，当体系中加入聚合物和助剂后其界面张力增加倍数明显改善。现场注入中，一定要确保足够的注入段塞，才能保证复配体系与油水的低界面张力，取得较高的驱油效率。

　　通过实验发现两种表面活性剂吸附后界面张力增加，其中 WB-1 仍能使界面张力达到超低。

　　(四)与聚合物相互作用

　　聚合物与表面活性剂的相互作用往往可以使聚合物的构象发生变化，引起聚合物链的舒展和卷曲，影响溶液的宏观黏度，同时可以使表面活性剂的界面富集行为发生变化，影响溶液的界面张力，因此需要考查表面活性剂与聚合物的相互作用。

　　1. 聚合物对界面张力的影响

　　实验条件：温度 65℃，Texas-500 型旋转滴界面张力仪，MCR301 流变仪。

　　实验用水：海上注入水（Ca^{2+}、Mg^{2+} 浓度为 1700mg/L，总矿化度为 32868mg/L）。

　　实验用油：1A-4 井原油。

　　实验用聚合物：8#。

　　将 8#聚合物用黄河水配制成 5000mg/L 母液后老化 24h，然后与表面活性剂混合搅拌，使溶液聚合物浓度为 1500mg/L，表面活性剂浓度为 0.3%。然后测定混合体系对 1A-4 井原油的界面张力，结果见表 3-10。

表 3-10　聚合物对界面张力的影响

体系	界面张力/(mN/m)
0.3% WF-3	1.4×10^{-3}
0.3% WF-3+1500mg/L 8#	1.9×10^{-2}
0.3% WB-1	2.9×10^{-3}
0.3% WB-1+1500mg/L 8#	2.6×10^{-3}

结果表明，8#聚合物对 WF-3 降低界面张力能力的影响较大，对 WB-1 影响不大。

2. 表面活性剂对聚合物黏度的影响

将 8#聚合物用黄河水配制成 5000mg/L 母液后老化 24h，然后与表面活性剂混合搅拌均匀，使聚合物浓度为 1500mg/L，表面活性剂浓度为 0.3%，测定混合溶液黏度，结果见表 3-11。

表 3-11　表面活性剂对聚合物黏度的影响

体系	黏度/(mPa·s)
1500mg/L 8#	15.4
0.3% WF-3+1500mg/L 8#	15.0
0.3% WB-1+1500mg/L 8#	14.8

通过黏度测定发现表面活性剂对聚合物黏度影响不大，WF-3 对黏度的影响较WB-1 小。

(五) 热稳定性

复合驱油体系一旦注入油层就将过数月甚至数年才能采出，复合驱油体系在油藏温度作用下是否具有降低界面张力和增黏能力是研究者非常关心的问题[9]。

实验方法：将驱油体系装入安瓿瓶中，火焰封口，置入恒温箱中，定时取样测定界面张力。

实验条件：温度 65℃；Texas-500 型旋转滴界面张力仪。

实验用水：海上注入水（Ca^{2+}、Mg^{2+}浓度为 1700mg/L，总矿化度为 32868mg/L）。

实验用油：1A-4 井原油。

为了考查在地层温度下，复配体系经过长期热稳定后降低油水界面张力的能力，作者进行了热稳定性实验。将筛选的复配体系装入安瓿瓶中，火焰封口，置入 70℃恒温箱中，定时取样测定界面张力，结果见表 3-12。

通过热稳定实验可以看出，表面活性剂 WB-1、WF-3 具有较好的热稳定性。

表 3-12 表面活性剂热稳定数据

表面活性剂	初始 IFT/(mN/m)	6 天 IFT/(mN/m)	10 天 IFT/(mN/m)	17 天 IFT/(mN/m)	41 天 IFT/(mN/m)
WB-1	1.4×10^{-3}	1.7×10^{-3}	2.6×10^{-3}	5.6×10^{-3}	1.8×10^{-2}
WF-3	1.7×10^{-3}	2.2×10^{-3}	2.0×10^{-3}	1.9×10^{-3}	3.2×10^{-2}

第三节 提高采收率物理模拟实验

物理模拟实验是室内评价复合驱的一个重要环节。它通过在实验室模拟地层条件(包括地层实际温度、压力、渗透率、含油饱和度等)对筛选配方进行注入浓度、注入段塞、注入时机等实验，可以对配方进行进一步优化，制定合适的注入方案。

油水样品：用蒸馏水配制成地层水，注入水为海水与水源井水 1∶1 复配而得，用煤油和 IFA-8 井脱水原油配制模拟油，黏度为 45mPa·s。

岩心模型：用石英砂充填的双管模型，长 30cm，直径 1.5cm，渗透率 k_1=$1000\times10^{-3}\mu m^2$、k_2=$3000\times10^{-3}\mu m^2$。

驱油步骤：首先对岩心抽真空，其次饱和水，再次以原油驱水对岩心做饱和油处理，最后进行后续水驱至含水率为 80%。转注不同配方及配方段塞水驱至含水率大于 98%结束。

(一)二元驱与单一化学驱对比实验

为考查二元驱增油效果，作者进行了二元驱与单一活性剂驱、单一聚合物驱以及同等经济和相同段塞大小条件下聚合物驱实验，结果如表 3-13 所示。

表 3-13 复配体系与聚合物在同等经济条件下对比

模型编号	配方	注入段塞 PV 数	OOIP 条件下提高采收率/%
海上-3	0.4% WB-1+0.15% P	0.3	21.2
海上-5	0.4% WF-3+0.15% P	0.3	19.7
海上-2	0.15% P	0.3	12.9
海上-7	0.15% P	0.6	16.1
海上-8	0.4% WB-1	0.3	0.7

注：OOIP 为原油地质储量。

由表 3-13 可以看出，在相同段塞条件下，二元驱提高采收率幅度优于单一聚合物驱和单一表面活性剂驱。在同等经济条件下，单一聚合物驱提高采收率的幅度为 16.1%，低于二元驱的 21.2%。同时可以看出，对于非均质模型单一的活性剂驱提高采收率幅度很小，必须将活性剂的洗油能力与聚合物的扩大波及能力有机结合起来才能发挥作用。二元驱采收率与含水率随注入倍数的变化曲线见图 3-3。

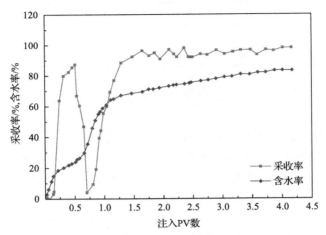

图 3-3　二元驱采收率与含水率随注入倍数的变化曲线

(二)活性剂浓度优选实验

固定聚合物浓度 1500mg/L、注入段塞 0.3PV，表面活性剂总浓度从 0.4%提高到 0.6%，进行驱替实验(表 3-14)，采收率从 21.2%提高到 22.1%。由于提高幅度很小，因此确定活性剂浓度为 0.4%。

表 3-14　活性剂浓度优选实验

模型编号	配方	OOIP 条件下提高采收率/%
海上-4	0.6% WB-1+0.15% P	22.1
海上-3	0.4% WB-1+0.15% P	21.2
海上-15	0.2% WB-1+0.15% P	19.0

(三)注入段塞筛选

固定活性剂浓度 0.4%(WB-1)，聚合物浓度 1500mg/L，进行段塞优选实验，从结果(表 3-15)可以看出，随着段塞的增大，提高采收率增大，考虑到经济效益等影响，段塞大小宜确定为 0.3PV~0.4PV。

表 3-15　注入段塞(不同用量)尺寸对提高采收率的影响

模型编号	注入段塞 PV 数	提高采收率/%
海上-11	0.2	17.7
海上-3	0.3	21.2
海上-12	0.4	23.2

（四）聚合物浓度对提高采收率的影响

固定活性剂总浓度 0.4%，注入段塞 0.3PV，作者研究了聚合物浓度为 1200mg/L、1500mg/L、1800mg/L、2000mg/L 时对提高采收率幅度的影响（表 3-16）。结果表明，随着聚合物浓度的增加，提高采收率幅度也在增大，考虑到经济因素，二元驱中聚合物浓度确定为 1500～1800mg/L。

表 3-16　注入聚合物浓度的确定

模型编号	聚合物浓度/(mg/L)	OOIP 条件下提高采收率/%
海上-9	1200	16.9
海上-3	1500	21.2
海上-17	1800	23.7
海上-10	2000	24.2

参 考 文 献

[1] 董凤兰. 表面活性剂及其超分子体系的分子模拟[D]. 济南: 山东大学, 2016.

[2] 李伟. 三采用表面活性剂和聚合物的动态界面张力研究[D]. 北京: 北京交通大学, 2008.

[3] 俞稼镛. 驱油体系中化学剂之间及其与原油活性组分协同效应的研究[D]. 北京: 中国科学院理化技术研究所, 2004.

[4] 郭颖. 表面活性剂/聚合物超分子体系微观结构和相互作用研究[D]. 济南: 山东大学, 2006.

[5] 程斌, 张志军, 梁成浩. 三次采油用石油磺酸钠的组成和结构分析[J]. 精细石油化工进展, 2004, (6): 14-16, 19.

[6] 齐晶, 乔卫红, 侯启军, 等. 石油磺酸盐的研究现状及前景[C]//中国化工学会精细化工专业委员会第 114 次学术会议暨全国第十五次工业表面活性剂研究与开发会议, 大连, 2008.

[7] 赵振国. 应用胶体与界面化学[M]. 北京: 化学工业出版社, 2008.

[8] 刘方, 高正松, 缪鑫才. 表面活性剂在石油开采中的应用[J]. 精细化工, 2000, (12): 696-699.

[9] 郭淑凤, 曹绪龙, 郭兰磊, 等. 聚驱后油藏有机碱三元复合驱油体系设计与性能评价[C]//2017 油气田勘探与开发国际会议, 西安, 2017.

第四章　耐温抗盐聚合物设计与合成

第一节　"超高分缔合"聚合物设计与合成

一、驱油用聚合物的分子结构设计

(一)耐温抗盐聚合物的类型

在油气田开发中，部分水解聚丙烯酰胺(HPAM)作为一种水溶性聚合物增稠剂在三次采油领域得到了广泛的应用。然而，普通 HPAM 在高温高盐条件下增黏性差，难以满足高温高盐油藏开采的需求。因此，提高聚合物的耐温抗盐性能已成为油田化学工作者致力研究的热点课题。近年来，国内外三次采油用耐温抗盐聚合物的研究主要分为两大方向，即合成超高分聚合物和聚合物的化学改性，其中超高分聚合物结构比较单一，是以提高分子量为主要目的的部分 HPAM，而聚合物的化学改性则包括了一系列的耐温抗盐单体改性聚合物、疏水缔合水溶性聚合物、多元组合共聚物和两性聚合物等[1]。

1. 超高分 HPAM

提高 HPAM 的分子量，通过增大其分子动力学体积来获得较高的溶液黏度，在一定程度上能改善聚合物的耐温抗盐性能。然而实践证明，超高分聚合物存在易机械降解、在中低渗地层注入性差等问题，更重要的是并没有从根本上解决高温高盐(尤其是高温度)下增黏效果急剧变差、老化、稳定性差的问题，严重影响了其适用范围。

2. 耐温抗盐单体共聚物

耐温抗盐单体共聚物的研究工作主要包括两个部分：首先是制备耐温抗盐功能单体，然后再将功能单体与丙烯酰胺共聚，得到耐温抗盐型单体共聚物。目前研究比较集中的耐温抗盐单体主要有耐高温单体、抗盐单体、抑制酰胺基水解单体及耐水解单体[2]。

研制高温、高盐条件下水解缓慢或不发生水解的单体，如 2-丙烯酰胺基-2 甲基丙烷磺酸钠盐(ATBS)、N-乙烯基吡咯烷酮(NVP)、两性霉素(AMB)、乙酸乙烯酯(VAM)等，然后将一种或多种耐温抗盐单体与丙烯酰胺(AM)共聚，得到的聚合物在高温高盐条件下的水解将受到限制，且不会出现与钙、镁离子反应生成沉淀的现象，从而达到耐温抗盐的目的。这类聚合物能够长期抗温抗盐，但是耐温抗盐功能单体成本高，共聚物分子量低，只能少量用于特定场合，大规模用于油田三采在经济上难以承受，且还必须进行大量的研究工作。国内开发的较成功的该类聚合物主要有罗健辉等开发的梳型聚丙烯酰胺系列，它是具有梳型分子结构的超高分的丙烯酰胺/功能单体共聚物。此外，由欧阳坚等开发的 TS 系列耐温抗盐聚合物由丙烯酰胺、含支链的强极性单体磺酸基团和少量疏水性单体通过胶束聚合方法和复合引发体系共聚而制成，其水溶性良好，抗盐、耐温以及抗剪切性能有显著改善，可满足油田用污水直接配制聚合物驱溶液的要求。

3. 疏水缔合聚合物

疏水缔合聚合物(hydrophobically association water-soluble polymers，HAWSP)是指在聚合物亲水性大分子链上引入少量疏水基团的水溶性聚合物(国外也称其为疏水改性水溶性聚合物)。在溶液中，HAWSP 分子间可通过疏水相互作用力缔合而形成具有一定强度且可逆的物理"交联"，从而形成巨大的超分子结构，且能在溶液中形成空间网络结构，这种可逆的结构导致缔合聚合物具有以下特点：①由于存在分子链间的疏水缔合作用，聚合物在较低分子量和较低浓度下具有高黏度，而非仅依靠增大单个聚合物分子在溶液中的尺寸实现高效增黏；②由于结构是可逆的，其在一定剪切下可被破坏，拆消剪切结构可恢复，从而使溶液具有良好的抗剪切性能；③在一定条件下，温度和矿化度的增加有利于缔合结构的形成和加强，从而实现溶液黏度在高温高矿化度下的稳定性，甚至实现热增黏和盐增黏，使得高温高矿化度这种不利于聚合物溶液黏度保留的因素转变为有利因素[3-5]。

关于疏水缔合聚合物的研究最早是在 20 世纪 80 年代，Evain 和 Rose 首次提出了疏水缔合聚合物的概念，并应用微乳液聚合法合成了疏水缔合型水溶性聚合物。国内对疏水缔合聚合物的研究相对较晚，1993 年，中石化石油勘探开发研究院采用甲基丙烯酸十二烷基酯作为疏水单体，首先开始了对疏水缔合聚合物的研究，并详细评价了三元共聚物 AM-AA-C_{12}MA 的增黏性、抗剪切性、耐温抗盐性、长期稳定性及其驱油性能等综合性能，发现该疏水缔合聚合物的综合性能优于 HPAM，有望用作驱油用聚合物。由于 HAWSP 仅在传统的 HPAM 基础上增加了少量的疏水单体，在成本不明显增加的情况下却获得了耐温抗盐性能优异的聚合物，因此，疏水缔合聚合物的研究成为近年来耐温抗盐聚合物领域的研究热点之一。中国科学院化学研究所、四川大学、中国石油勘探开发研究院等研究机构也相继进行了相关研究。

西南石油大学罗平亚院士研究团队是该领域最重要的研究团队之一。1997年，罗平亚院士从油气井工程和油气田开发工程对工作液流变性能的技术要求出发，根据高分子科学和胶体化学的基本原理，提出了利用结构流体构建理想的油气开采用工作液体系的设想，并设计了结构流体的理论模型，疏水缔合聚合物是其中一种重要的类型，经过多年科研攻关，这一设想获得了证实并且在油田应用方面取得突破。在该理论指导下所研制和开发出的 AP 系列聚合物，在国内外首次实现了驱油用疏水缔合聚合物的工业化生产，并在渤海 SZ36-1 油田实施海上稠油注聚提高采收率先导性试验中取得了显著的增油降水效果，证明海上稠油油田注聚提高采收率的可行性和疏水缔合聚合物的驱油有效性。这些研究成果为恶劣油藏条件下化学驱提高采收率技术的建立和发展打下了必要的物质基础。

在油藏温度、矿化度适宜的条件下，常规超高分 HPAM 具有较好的提高采收率效果，但是常规超高分 HPAM 在高温高盐条件下黏度损失严重、热稳定性差、抗钙和镁能力弱，前期缔合聚合物耐温性能不够、分子量不够大、缔合效率低、溶解差，因此常规超高分 HPAM、普通缔合聚合物不能满足高温高盐油藏需要，需要研发以超高分 HPAM 为基础，附以一定量 AMPS 等耐温抗盐功能单体的耐温抗盐"超高分缔合"聚合物以满足Ⅲ类高温高盐油藏的要求，设计分子结构如下：

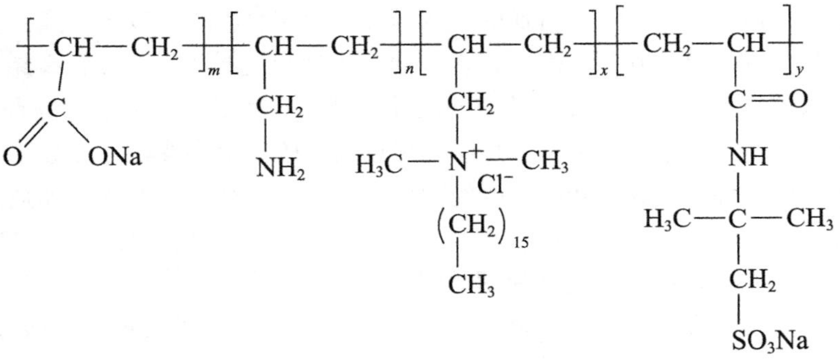

(二)聚合物分子结构与溶液性能的关系研究

聚合物的分子结构是控制溶液性能的内部因素，即分子结构控制溶液的宏观性质，不同的分子结构表现出不同的性能，只有在充分认识聚合物分子结构的基础上，才能有效地调控聚合物的应用性能。

根据油气开采的工艺要求及实践经验，驱油用聚合物一般要求具有良好的水溶性、增黏性、悬浮性、剪切稀释性、稳定性和注入性等性能，在常规的低温低矿化度油藏条件下，一般的聚合物容易达到该性能，但是在高温高盐的油藏条件下，增黏性、长期稳定性和注入性却很难同时满足，尤其是长期稳定性。因此，根据本书针对的高温高盐的油藏环境，作者在室内合成了系列不同分子结构的疏水单体和模型聚合物，并以增黏性、长期稳定性、注入性和驱油效果为主要研究对象，研究其与聚合物分子结构的关系，为本书驱油用耐温抗盐聚合物的分子设计提供依据。

1. 疏水单体和模型聚合物的合成与表征

为充分认识聚合物分子结构与溶液性能的关系，作者合成了三种不同分子结构的疏水单体：$C_{16}DA$、DiC_8AM、C_9ACM。将合成的样品送至中国科学院化学研究所分析测试中心，采用核磁共振仪(300MHz)对单体的结构进行测试分析，通过对谱图的分析，可以确定产物结构符合预期要求。这三种疏水单体用于合成系列不同分子结构的模型缔合聚合物。

按照预设投料比，在烧杯中加入纯水，然后在低速搅拌(以产生漩涡为宜)下依次加入丙烯酰胺(AM)、功能单体、疏水单体、链转移剂及其他合成助剂，待各组分充分溶解后，降温并通入高纯氮气 1h 后，0℃时加入引发剂引发，聚合后立即进行绝热聚合，记录聚合体系温度随反应时间的变化情况，反应时间为 7h。

反应结束后，取出胶体，并用剪刀剪碎后加入一定量的氢氧化钠进行水解，然后干燥，得到白色粉末状的模型聚合物样品。改变投料比、水解等条件，即可得到系列不同分子结构的聚合物样品。

2. 疏水单体分子结构对缔合聚合物增黏性的影响

选择三种不同类型的疏水单体(含疏水单体之间的组合)合成系列疏水缔合物，并以合成聚合物在高温高盐条件下(实验温度为 85℃，溶液矿化度为 $3 \times 10^4 mg/L$，其中 $Ca^{2+}+Mg^{2+}$ 浓度为 800mg/L)的表观黏度为主要指标，筛选出适合本书温度和矿化度条件的疏水单体。实验结果见表 4-1～表 4-5。

表 4-1～表 4-5 表明，随着疏水单体质量分数的增加，一般聚合物溶液的黏度先增加后降低，当疏水单体的质量分数较高时，聚合物的溶解性能下降。这是因为疏水单体质量分数大时，疏水缔合作用明显，溶液的黏度高，但是当疏水单体质量分数太高时，疏水缔合作用又会导致聚合物的溶解性能下降。

表 4-1　$C_{16}DA$ 质量分数对聚合物增黏性的影响

$C_{16}DA$ 质量分数/%	1500mg/L 溶液黏度/(mPa·s)	1750mg/L 溶液黏度/(mPa·s)
0.20	12.3	23.2
0.40	24.6	38.3
0.60	65.4	94.3
0.80	溶解性差	溶解性差

表 4-2　DiC_8AM 质量分数对聚合物增黏性的影响

DiC_8AM 质量分数/%	1500mg/L 溶液黏度/(mPa·s)	1750mg/L 溶液黏度/(mPa·s)
0.20	6.2	7.3
0.40	12.4	27.2
0.60	38.7	67.3
0.80	32.7	56.4

表 4-3　C₉ACM 质量分数对聚合物增黏性的影响

C₉ACM 质量分数/%	1500mg/L 溶液黏度/(mPa·s)	1750mg/L 溶液黏度/(mPa·s)
0.20	9.2	18.2
0.40	24.5	35.3
0.60	35.6	64.3
0.80	38.6	56.8

表 4-4　不同 DiC₈AM 质量分数的 AM-C₁₆DA-DiC₈AM 聚合物增黏性

DiC₈AM 质量分数/%	1500mg/L 溶液黏度/(mPa·s)	1750mg/L 溶液黏度/(mPa·s)
0.20	8.2	11.4
0.40	17.4	25.8
0.60	55.6	89.8
0.80	溶解性差	溶解性差

表 4-5　不同 C₉ACM 质量分数 AM-C₁₆DA-C₉ACM 聚合物增黏性

C₉ACM 质量分数/%	1500mg/L 溶液黏度/(mPa·s)	1750mg/L 溶液黏度/(mPa·s)
0.20	10.2	13.4
0.40	22.4	33.6
0.60	44.6	67.6
0.80	不溶	不溶

从表 4-1～表 4-5 的实验数据可以看出，AM-C₁₆DA 聚合物溶液的黏度明显高于 AM-DiC₈AM 聚合物、AM-C₉ACM 聚合物、AM-C₁₆DA-DiC₈AM 聚合物和 AM-C₁₆DA-C₉ACM 聚合物溶液的表观黏度，因此确定本书所选的疏水单体为 C₁₆DA。

3. 分子结构与长期稳定性的关系

分析认为，影响聚合物耐温抗盐性能的因素主要是聚合物分子结构本身的问题。常见的 HPAM 在低温低矿化度的条件下长期稳定性较好，而在温度超过 70℃时，降解严重，黏度急剧丧失，甚至产生沉淀，钙、镁离子的存在会加速这一过程。鉴于此，人们往往对 HPAM 进行改性，主要包括引入各种功能单体合成耐温抗盐共聚物，或是引入疏水单体合成疏水缔合型聚合物来提高其耐温抗盐性能，并取得了一定的成效。因此，要改善聚合物的长期稳定性，其核心是调整聚合物的分子结构，使其适应高温高盐的油藏条件。

在高温高钙、镁离子的条件下，尽管缔合聚合物依靠分子链间的相互作用可实现高效增黏性，疏水单体的类型对缔合聚合物的增黏性有较大的影响。在研究的三种疏水单体中，含 C₁₆DA 疏水单体的聚合物增黏效果较好，但是其长期稳定性依然较差。因此，为系统地认识聚合物分子结构与长期稳定性的关系，作者合成了一系列含 C₁₆DA 疏水单体的不同分子结构的模型缔合聚合物，包括不同功能单体类型及含量、不同疏水单体类型及含量、不同分子量以及不同水解度的聚合物，并详细评价其在高温高盐尤其是高钙、镁离子条件下(若未作特殊说明，实验温度为 85℃，溶液矿化度为 $3×10^4$mg/L，其中 $Ca^{2+}+Mg^{2+}$浓度为 800mg/L，聚合物溶液浓度为 1750mg/L)的长期稳定性，对开发适合胜利油田Ⅲ类油藏聚合物的分子结构设计具有指导作用。

　　1)功能单体的影响

　　引入各种功能单体是改善聚合物耐温抗盐性能的主要途径之一，本书考查了功能单体 MS 和二甲基丙烯酰胺(DMAA)对聚合物长期稳定性的影响。

　　(1)MS 的影响。

　　作者考查了不同 MS 含量缔合聚合物在高温高盐条件下的长期稳定性能，实验结果见图 4-1。

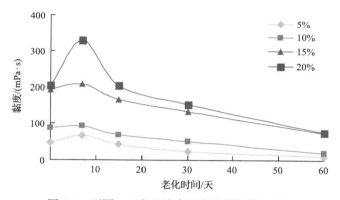

图 4-1　不同 MS 含量缔合聚合物的长期稳定性

　　从图 4-1 可以看出，随共聚物中 MS 含量的增加，聚合物溶液的表观黏度增加，长期稳定性能也越好。当 MS 的含量为 10%时，60 天老化后黏度保留率为21.6%，MS 含量为 15%和 20%时，经 60 天老化后黏度保留率超过 37%，且黏度大于 70mPa·s。

　　因此，在缔合聚合物分子中引入功能单体 MS 能明显提高其长期稳定性能，这是因为 MS 中含有对盐不敏感的磺酸基团，因此在高温高盐尤其是高钙、镁离子的条件下仍能保持较高的黏度。同时 MS 也具有抑制酰胺基水解的作用，又由于其结构单元中含有庞大的侧基，其共聚物在高温高盐条件下长期稳定性能良好。

　　(2)DMAA 的影响。

　　DMAA 是一类能够抑制酰胺基水解的功能单体，作者考查了 DMAA 含量分别为 10%、15%、20%时缔合聚合物在高温高盐条件下的长期稳定性能，实验结果见图 4-2。从图 4-2 可以看出，DMAA 含量对聚合物的长期稳定性影响较大，随 DMAA 含量的增加，聚合物的长期稳定性越好。

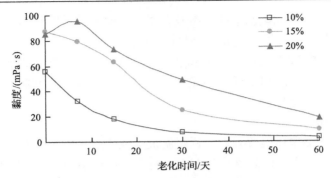

图 4-2　不同 DMAA 含量缔合聚合物的长期稳定性

　　通过 MS 和 DMAA 含量对聚合物长期稳定性的影响规律可以看出，两种功能单体对聚合物长期稳定性均有较大的影响，均是随其含量的增加，长期稳定性越好。但是，不同的功能单体具有不同的耐温抗盐能力，在本书的条件下，含 MS 聚合物的长期稳定性明显高于含 DMAA 聚合物的长期稳定性。

　　2)疏水单体的影响

　　作者考查了疏水单体 $C_{16}DA$ 摩尔浓度为 0.15%、0.30%、0.50%时缔合聚合物（含 MS）在高温高盐下的长期稳定性，实验结果见图 4-3。图 4-3 的实验结果表明，随 $C_{16}DA$ 浓度的增加，缔合聚合物溶液的长期稳定性越好。当 $C_{16}DA$ 的摩尔浓度为 0.15%时，经 60 天老化后其黏度已经大幅度下降，当 $C_{16}DA$ 摩尔浓度为 0.50%时，经 60 天老化后溶液黏度值大于 40mPa·s。这是因为疏水单体浓度越高，缔合聚合物分子链间的相互缔合作用越明显，因此长时间老化后溶液黏度保留值较高。

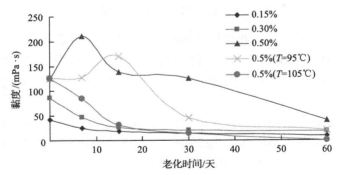

图 4-3　$C_{16}DA$ 含量对缔合聚合物长期稳定性的影响

　　对疏水单体摩尔浓度为 0.5%的聚合物，作者考查了老化温度对其长期稳定性的影响。随老化温度的增加，其长期稳定性能越差，但是由于自身疏水单体含量高，疏水缔合作用明显，因此在 95℃和 105℃的条件下其长期稳定性能依然较好，经 60 天老化后未产生沉淀。

3）分子量的影响

作者考查了不同分子量（即不同特性黏数）的缔合聚合物（含 $C_{16}DA$ 和 MS）在高温高盐条件下的长期稳定性能，实验结果见图 4-4。实验结果表明，随特性黏数的增加，聚合物的长期稳定性能越好，当聚合物特性黏数为 1130.5mL/g 时，45 天黏度保留率为 40.71%，而聚合物特性黏数为 553.7mL/g 时，15 天的黏度保留率仅为 12.8%。这是因为缔合聚合物的分子量越高，单分子链上疏水基数量越多，在溶液中的相对含量越大，疏水基之间相互接触形成分子间缔合的能力越强，故长期稳定性越好。分子量高的聚合物，在相同浓度下产生分子链之间缠结作用的概率越大，缠结作用越明显，同时也增大了分子间缔合的概率，有利于改善聚合物溶液的长期稳定性。另外文献曾报道聚丙烯酰胺的水解速度随聚合物分子量的升高而减慢，因此其稳定性随分子量的增大而增强。

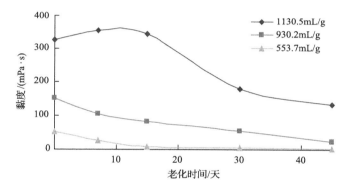

图 4-4 不同分子量缔合聚合物溶液的长期稳定性

特性黏数测试参考《聚丙烯酰胺特性黏数测定方法》（GB/T 12005.1—1989）标准进行，以下未作特殊说明均在该条件下测试

4）水解度的影响

水解度是驱油用聚合物的一项重要指标，对聚合物的溶解性能、吸附性能和长期稳定性等均有较大影响。水解度太低，聚合物分子链上亲水性的羧酸基团较少，聚合物溶解性差，在多孔介质中的吸附量较大；水解度太大时，大量的羧酸基团与溶液中的钙、镁离子相互作用，导致聚合物溶液黏度急剧降低，或是产生沉淀，严重影响其长期稳定性能。因此，必须严格控制聚合物的水解度。

作者考查了水解度为 0%、10%、20%、30%、40%时五个不同水解度缔合聚合物（含 $C_{16}DA$ 和 MS）在高温高盐条件下的长期稳定性能，实验结果见图 4-5。

图 4-5 的实验结果表明，水解度对聚合物的长期稳定性有较大的影响，随水解度的增加，聚合物的长期稳定性越差。由于水解度的大小与聚合物分子链上的羧酸基团对应，因此水解度较高时，羧酸基团与钙、镁离子的作用越充分，导致聚合物分子链伸展受限，甚至发生相分离，聚合物黏度急剧降低。因此，适当降

低聚合物的水解度，有利于提高其长期稳定性。

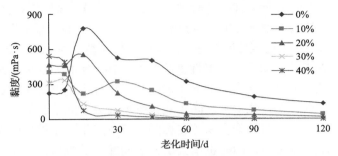

图 4-5　水解度对聚合物长期稳定性的影响

根据分子结构与增黏性的关系研究和分子结构与长期稳定性的关系研究内容可知，在高温、高钙和镁离子条件下：①疏水缔合聚合物由于疏水缔合作用能够实现高效增黏，但由于钙、镁离子含量高，其长期稳定性能较差；②在疏水缔合聚合物分子链上引入一定的功能单体 MS，能显著提高聚合物的长期稳定性能；③随水解度的降低、功能单体 MS 含量的增加、$C_{16}DA$ 含量的增加和分子量的增加，$AM-NaAA-C_{16}DA-MS$ 共聚物的长期稳定性越好。

(三)驱油用缔合聚合物分子结构设计

聚合物的分子结构设计是开发新型聚合物的前提，只有在充分认识分子结构与性能关系的基础上，才能快速开发出符合预期要求的聚合物。在高温高盐的条件下，驱油用缔合聚合物分子结构应满足以下条件。

(1)主链结构为 HPAM。油气开采领域所用的聚合物中，HPAM 占绝大多数，因此原料来源广，合成工艺也较为成熟，容易制得高分子量的聚合物。

(2)主链上引入少量的疏水单体 $C_{16}DA$。引入疏水单体后，聚合物溶液中分子链通过疏水缔合相互作用形成超分子聚集体，并通过控制疏水基的浓度和疏水嵌段的结构等来调节疏水缔合作用和聚集体的尺寸，从而使聚合物具有高效的增黏性、良好的注入性和优异的驱油效果。

(3)主链上引入一定的功能单体 MS。引入少量的功能单体 MS 可使聚合物具有较强的抗水解的能力，使其在高温高盐油藏条件下长期稳定性较好。

(4)聚合物为高分子量共聚物。提高聚合物的分子量可使聚合物具有长期稳定性和优良的驱油性能。

综上所述，适合高温高盐油藏的驱油用缔合聚合物为低 MS 含量的高分子量疏水缔合型聚丙烯酰胺，分子结构为 $AM-NaAA-C_{16}DA-MS$ 多元共聚物。

二、驱油用缔合聚合物的合成路线

本书根据耐温抗盐聚合物的分子结构设计依据，通过对提高多元共聚物分子量的合成技术、提高疏水缔合型聚丙烯酰胺分子间缔合效率的合成技术等的研究，对影响耐温抗盐聚合物合成的各因素，如单体浓度、引发剂浓度等进行讨论，从而确定耐温抗盐聚合物的室内合成方案。

（一）提高分子量的合成技术研究

1. 合成方式的确定

本书确定采用胶束聚合法合成疏水缔合聚合物。在确定采用胶束聚合法的条件下，研究共水解和后水解法对缔合聚合物增黏性能的影响。本书以聚合物的分子量和增黏性为指标，研究了共水解法和后水解法对缔合聚合物合成的影响。

作者评价了不同合成方式得到的聚合物样品的分子量和在高温高盐条件下的增黏性能，实验结果见表 4-6。

表 4-6　合成方式对聚合物溶液增黏性能的影响

合成方式	特性黏数/(mL/g)	不同浓度聚合物溶液的黏度/(mPa·s)			
		1000mg/L	1250mg/L	1500mg/L	1750mg/L
共水解	512.2	21.2	42.6	76.6	127.0
后水解	638.1	56.2	87.3	143.2	182.4

注：如未作特殊说明，实验用模拟盐水为Ⅲ类油藏（一）条件下的盐水，温度为90℃。

表 4-6 表明，合成方式对缔合聚合物的特性黏数和增黏性能均具有较大的影响，在本书的聚合体系下，后水解法合成的缔合聚合物的特性黏数和增黏性能明显优于共水解法制得的缔合聚合物的特性黏数和增黏性能。

2. 复合引发体系的确定

丙烯酰胺类聚合物的自由基聚合反应一般由链引发、链增长、链转移、链终止等基元反应组成。用引发剂引发时，首先引发剂分解产生初级自由基，初级自由基再与单体加成形成单体自由基而引发聚合。引发剂是一类易分解产生自由基，并能引发单体聚合的物质，引发剂分子中具有弱键，在热能的作用下，弱键均裂产生自由基。

合成丙烯酰胺类聚合物的引发剂可简单地归纳为热引发剂和氧化还原引发剂。根据自由基聚合动力学关系，聚合物分子动力学链长与引发剂浓度的平方根成反比，要制备高分子量的产物，保持体系低自由基浓度是非常重要的。因此，单独采用热引发剂或是氧化还原引发剂很难制备出高分量的聚合物，尤其是在本书研究的 AM-NaAA-C$_{16}$DA-MS 这种组分较多、结构复杂的共聚物条件下，要提高聚合物的分子量尤为困难。

结合热引发剂和氧化还原引发剂的特点,本书根据引发剂的使用温度进行筛选和组合,研究了一系列包含多种组分的复合引发体系对耐温抗盐聚合物分子量和增黏性能的影响,并筛选出了一种引发温度低、引发剂用量少、聚合体系始终保持低自由基浓度的复合引发体系,从而使链增长反应均匀缓慢地进行,有利于制备分子量较高的耐温抗盐共聚物。引发体系组成对实验结果的影响见表4-7。

表 4-7　引发体系组成对聚合物分子量和增黏性的影响

引发体系组成	升温速率/(℃/h)	特性黏数/(mL/g)	表观黏度/(mPa·s)
低温氧化还原引发剂、过硫酸盐	30.0	280.2	9.2
低温氧化还原引发剂、偶氮引发剂	13.4	637.3	37.2
低温氧化还原引发剂、偶氮引发剂、过硫酸盐	24.8	423.5	21.6
低温氧化还原引发剂、偶氮引发剂、引发助剂	8.3	730.0	95.2

从表 4-7 的实验结果可以看出,不同复合引发体系下,聚合体系的升温速率具有较大的差异,共聚物特性黏数和溶液表观黏度也相差较大。采用低温氧化还原引发剂和过硫酸盐复配时,聚合体系升温极快,达到 30.0℃/h,特性黏数和表观黏度也均较低,而采用低温氧化还原引发剂、偶氮引发剂及引发助剂时,由于助剂有调节引发剂分解速率的作用,聚合反应平稳发生,体系升温也较为缓慢,为 8.3℃/h,合成共聚物的特性黏数和表观黏度均较高。因此,确定本书所采用的引发体系为低温氧化还原引发剂、偶氮引发剂和引发助剂的组合物,以下简称为复合引发剂。

3. 提高分子量助剂的选择

除合成方式和引发体系对本书合成的耐温抗盐聚合物分子量有较大影响外,其他类型的各种合成添加剂对提高聚合物的分子量也大有帮助。

众所周知,丙烯酰胺、功能单体等一些可聚合单体由于活性较高,均含有一定浓度的阻聚剂,以防止产品在运输、储存等条件下发生自聚。另外,单体在生产过程中,难免引入一些金属离子杂质,由于这些阻聚剂、金属离子杂质等对提高聚合物的分子量不利,因此必须设法消除其负面影响。本书研究了阻聚剂消除剂(一种能与阻聚剂发生相互作用的物质)和金属离子络合剂对聚合物分子量的影响,同时,也研究了常规的提高分子量助剂如甲酸钠、尿素、无机盐等对聚合物分子量的影响。

1) 阻聚剂消除剂浓度的影响

丙烯酰胺以及其他功能单体等含有少量的阻聚剂,在聚合反应中,阻聚剂通过捕获引发剂分解产生的初级自由基或是单体自由基,使链增长反应终止而造成分子量小,黏度低,因此须加入阻聚剂消除剂来消除其影响。本书选择的阻聚剂消除剂（能与阻聚剂发生相互作用而避免其负面影响），对提高聚合物的分子量具有较大的帮助。

作者考查了阻聚剂消除剂 B-1 浓度为 2500mg/L、3000mg/L、3500mg/L、4000mg/L 时，对聚合物分子量和表观黏度的影响，实验结果见图 4-6 和图 4-7。

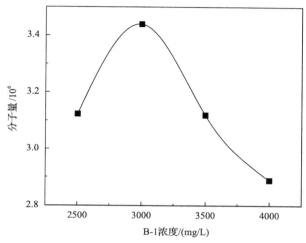

图 4-6　B-1 浓度对聚合物分子量的影响

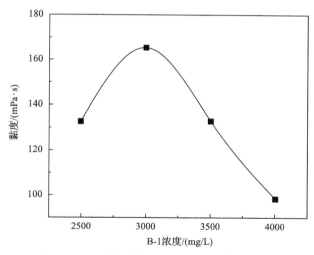

图 4-7　B-1 浓度对聚合物溶液表观黏度的影响

图 4-6 和图 4-7 表明，阻聚剂消除剂 B-1 对聚合物的分子量和增黏性影响较大，当 B-1 的浓度为 3000mg/L 时，聚合物的分子量和表观黏度均较高，继续增加其含量，过量的 B-1 起链转移剂作用而导致分子量和表观黏度降低。

2) 金属离子络合剂浓度的影响

聚合体系中含有单体及各种添加剂，这些组分在生产过程中难免引入各种金属离子杂质，如铁离子和铜离子等。已有研究表明，这些金属离子对聚丙烯酰胺的分子量具有较大的影响，当这些金属离子在聚合体系中的浓度仅为几毫克/升时，可使聚合物的分子量降低数百万，以致于很难合成高分子量的聚合物。因此，本书加入了一定浓度的金属离子络合剂乙二胺四乙酸(EDTA)来消除其负面影响。

作者考查了 EDTA 浓度为 0mg/L、1500mg/L、3000mg/L、5000mg/L 时，对聚合物分子量和表观黏度的影响，实验结果见图 4-8 和图 4-9。

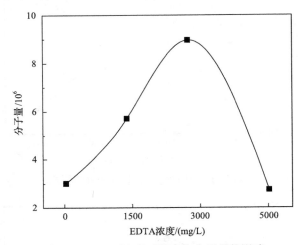

图 4-8　EDTA 浓度对聚合物分子量的影响

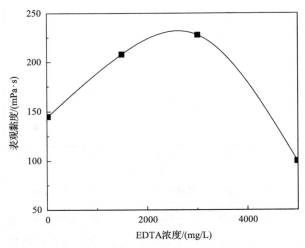

图 4-9　EDTA 浓度对聚合物溶液表观黏度的影响

图 4-8 和图 4-9 的实验结果表明，随 EDTA 浓度的增加，聚合物分子量及其表

观黏度先增大后减小，在 3000mg/L 时具有峰值。当 EDTA 浓度大于 3000mg/L 时，虽然消除了金属离子的负面影响，但是过量的 EDTA 起链转移剂的作用，反而导致聚合物分子量和增黏性能下降。因此，选取合适的 EDTA 浓度为 3000mg/L。

3）无机盐浓度的影响

无机盐的加入对聚合物的分子量和增黏性具有一定的影响，当加入的无机盐适量时，能使聚合反应均匀缓慢地进行，从而提高聚合物的分子量。本书研究了无水硫酸钠对聚合物分子量和增黏性的影响。

作者考查了无水硫酸钠浓度为 20mg/L、50mg/L、100mg/L、200mg/L 时，对聚合体系聚合物分子量和溶液表观黏度的影响，实验结果见图 4-10 和图 4-11。

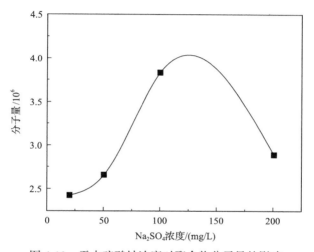

图 4-10　无水硫酸钠浓度对聚合物分子量的影响

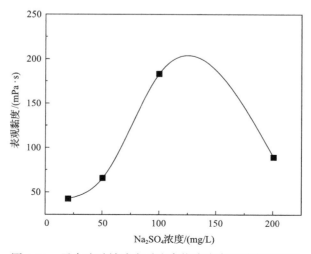

图 4-11　无水硫酸钠浓度对聚合物溶液表观黏度的影响

图 4-10 和图 4-11 的实验结果表明，无水硫酸钠的加入提高了聚合物的分子量和增黏性能，当无水硫酸钠的浓度在 100mg/L 左右时，聚合物的分子量和表观黏度均较高。因此选取合适的无水硫酸钠浓度为 100mg/L。

(二)提高溶解性的技术研究

引入疏水单体，缔合聚合物的溶解性能明显下降，因此提高缔合聚合物的溶解性是亟须解决的问题。

根据有关的研究报道，提高聚合物溶解性能的措施主要有三个方面，一是分子结构设计；二是工艺改进；三是加入溶解助剂。由于本书聚合物的分子设计和工艺等基本确定，因此需要重点研究助剂对聚合物溶解性的影响。常规的助剂有链转移剂和与丙烯酰胺分子结构相似的尿素等，其中链转移剂的加入较多地是降低了聚合物的分子量，对提高溶解性有一定的帮助。近年来人们对尿素提高溶解性的机理进行了深入的研究，发现碱性环境下尿素能与丙烯酰胺单体反应生成氮川丙酰胺(NTP)，NTP 在聚合体系中既可作为一种链转移剂，可避免或者延缓交联反应的发生，改善聚合物的溶解性能，又可作为一种还原剂，参与聚合反应，使聚合反应平稳发生，获得高分子量的聚合物。

针对本书所开发聚合物的特点，除了含有少量的疏水单体外，还含有部分功能单体，这些单体对聚合物的溶解性能均存在负面影响。因此，本书除研究常规的链转移剂甲酸钠和尿素对聚合物溶解性的影响外，还研究了多种助溶剂对聚合物溶解性能的影响。

1. 甲酸钠浓度的影响

甲酸钠是一种常用的链转移剂，在聚合体系中加入甲酸钠有助于提高聚合物的溶解性。作者考查了甲酸钠浓度为 20mg/L、60mg/L、100mg/L、150mg/L、300mg/L 时，对聚合物溶解性和增黏性能的影响，实验结果见表 4-8。

表 4-8　甲酸钠浓度对聚合物溶解性和增黏性能的影响

甲酸钠浓度/(mg/L)	60℃溶解时间/h	1750mg/L 溶液黏度/(mPa·s)
20	4	152.4
60	4	165.3
100	3	104.3
150	2	65.4
300	1	23.4

表 4-8 表明，甲酸钠的加入量对聚合物的溶解性和增黏性都有较大的影响。从溶解时间来看，当甲酸钠的浓度较低时，聚合物溶解时间为 4h，但是甲酸钠浓度达到 300mg/L 时，聚合物的溶解时间缩短至 1h，溶解性能有很大的提高。这是

因为甲酸钠的加入延缓和抑制了聚合反应后期大分子链内或者链间叔碳原子间的交联反应，减少了聚合物中不溶物的产生，从而改善了聚合物的溶解性能。

从聚合物的增黏性能来看，当甲酸钠的浓度低于 60mg/L 时，对增黏性能无明显影响，但是当甲酸钠浓度大于 60mg/L 时，明显降低了聚合物的增黏性能。这是因为随甲酸钠浓度的增加，聚合反应中的链自由基更易发生链转移反应，链转移反应的结果使链自由基过早终止，使聚合物分子量大幅度下降，增黏性能急剧下降。

2. 尿素浓度的影响

根据速溶理论，若高分子聚合物中含有结构与其相似的小分子，小分子能加快高分子聚合物在其溶剂中的溶解速度。在以丙烯酰胺为主体单体的共聚反应中加入尿素后，有利于聚合物溶解性的改善，离散聚丙烯酰胺等水溶性聚合物分子间的直接氢键缔合，可改善紧密构象，增进水化使溶液增黏。同时尿素可作为辅助还原剂参与聚合反应，利于动力学链增长。

本书在聚合体系中加入少量的尿素，考查了尿素浓度分别为 100mg/L、300mg/L、500mg/L、700mg/L、1000mg/L 时，对聚合物溶解性和增黏性能的影响，实验结果见表 4-9。

表 4-9　尿素对聚合物溶解性和增黏性的影响

尿素浓度/(mg/L)	60℃溶解时间/h	1750mg/L 溶液黏度/(mPa·s)
100	3	143.2
300	3	123.5
500	3	152.4
700	2.5	112.8
1000	2.5	92.4

表 4-9 表明，尿素浓度对聚合物的溶解性影响不大，当尿素浓度为 100～700mg/L 时，对溶液的增黏性能没有较大的影响；当尿素浓度为 1000mg/L 时，黏度明显降低。

因此，尿素对聚合物的溶解性没有太大的影响，反而降低了溶液的黏度，这与相关报道有一定差别，可能与聚合体系的酸碱度等有一定的关系。

3. 水解助溶剂的影响

常规高分子聚合物由于高分子间的相互作用(链单元之间作用能与链单元数目的乘积)很大，即使在良溶剂中也不能一次完全消除高分子间的相互作用，而是逐步克服链单元间的相互作用直至拆散凝聚在一起的高分子。实际过程是高分子聚合物在溶剂中先溶胀后溶解。

而对于缔合聚合物,其溶解过程与常规聚合物基本一样,分为溶胀和溶解两个阶段,但由于存在疏水缔合相互作用,在溶解时,缔合聚合物分子从溶胀颗粒表面剥离困难,从而影响聚合物的溶解速度。

分析认为,要解决疏水缔合聚合物溶解速度慢的问题,通过加入某些物质去削弱溶解过程中的疏水缔合作用是行之有效的方法。为此,本书开发了两种类型的水解助溶剂(表面活性剂、渗透剂和链转移剂等的组合物),在聚合物胶体水解时与水解剂同时加入,水解助溶剂除了具有削弱疏水缔合相互作用外,还能避免水解温度过高产生交联反应。

作者考查了水解助溶剂类型和浓度对聚合物溶解性能与增黏性能的影响,实验结果见表4-10。

表 4-10　水解助溶剂类型及其浓度对聚合物溶解性和增黏性能的影响

水解助溶剂类型	助溶剂浓度/(mg/L)	60℃溶解时间/h	1750mg/L 溶液黏度/(mPa·s)
YL-1	30	3	145.6
	60	2.5	114.3
	100	2.5	143.8
YL-2	30	2.5	213.4
	60	2	244.6
	100	2	224.4

表4-14表明,水解助溶剂的加入能明显提高聚合物的溶解性能,尤其是YL-2的加量为60mg/L时,能使溶解时间缩短至2h,继续增加YL-2的浓度对溶解性影响不大,但是降低了聚合物溶液的黏度。这是因为助溶剂能在高温下防止交联反应的发生,同时使水解反应更充分、更均匀,避免了由于水解反应不均匀导致的不溶物含量增加等问题,使聚合物的溶解性能大幅度提高。

4. 干燥助溶剂的影响

干燥时温度较高,容易产生交联反应使聚合物的溶解性变差,常规方法中降低干燥温度虽然能避免交联反应的发生,但是温度低时干燥时间长,能耗高,增加了生产周期,而干燥温度较高时又容易发生交联反应,导致聚合物溶解性变差甚至不溶。

针对该问题,研究者开发了两种类型的助溶剂,该助溶剂为含链转移剂等的组合物,在干燥时混入胶体中,能起到避免交联反应发生的作用,使聚合物的溶解性能得到改善,并且在改善溶解性的同时,还能起到节约能耗和缩短生产周期的作用。

作者考查了两种类型干燥助溶剂JS-1和JS-2对聚合物溶解性和增黏性能的影响,实验结果见表4-11。

表 4-11　干燥助溶剂类型及其浓度对聚合物溶解性和增黏性的影响

干燥助溶剂类型	助溶剂浓度/(mg/L)	60℃溶解时间/h	1750mg/L 溶液黏度/(mPa·s)
	30	2.5	222.4
JS-1	60	2.0	245.2
	100	2.0	193.0
	30	2.5	189.4
JS-2	60	2.0	193.2
	100	2.0	212.4

表 4-15 表明，干燥助溶剂的加入能显著提高聚合物的溶解性，当 JS-1 的浓度达到 60mg/L 时，溶解时间为 2h，继续增加 JS-1 的浓度对提高溶解性没有帮助，反而降低了聚合物溶液的黏度，因此合适的干燥助溶剂浓度为 60mg/L。

(三)聚合反应其他条件的研究

根据上述研究内容，详细研究了合成方式、引发体系和助剂对聚合物分子量的影响、速溶助剂对溶解性的影响，以及疏水单体浓度、聚合体系极性和表面活性剂对分子间缔合效率的影响，从而确定了本书耐温抗盐聚合物合成的基本条件。

疏水单体：疏水单体 $C_{16}DA$，摩尔浓度为≤1.0%。

功能单体：MS，质量浓度为≥10%。

合成方式：胶束共聚合，后水解。

引发剂：低温氧化还原引发剂、偶氮引发剂和引发助剂的组合物。

B-1：3000mg/L。

EDTA：3000mg/L。

无机盐：100mg/L。

在此基础上，接下来系统地研究了其他影响因素如单体浓度、引发剂浓度、引发温度和聚合反应时间等对聚合物增黏性能的影响，从而确定了耐温抗盐聚合物室内合成的方案。实验方法如下。

按照投料比，依次加入纯水、功能单体、疏水单体、丙烯酰胺、甲酸钠、尿素等，溶解充分后通入高纯氮气 1h，并降温，加入引发剂引发后绝热聚合物，取出胶体，剪刀剪碎后，加入水解剂进行水解，然后干燥，得到白色的聚合物粉末样品。将粉状聚合物用模拟盐水(总矿化度为 3.2×10^4mg/L，其中 Ca^{2+} 浓度为 700mg/L，Mg^{2+} 浓度为 174mg/L)在 60℃的溶解温度下配制成 5000mg/L 的母液，然后稀释至 1750mg/L，采用 DV-III 黏度计 0#转子(转子视黏度而定)，85℃条件下测试其表观黏度。

1. 单体浓度的影响

作者考查了单体总浓度(含丙烯酰胺、疏水单体、功能单体)对聚合物溶液黏度的影响，单体总浓度分别为 10%、15%、20%、25%、30%，实验结果见图 4-12。

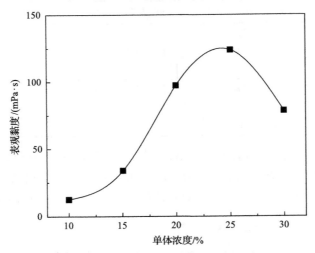

图 4-12 单体浓度对聚合物溶液表观黏度的影响

从图 4-12 可以看出，在研究的单体浓度为 10%～30% 的范围内，聚合物的分子量随单体浓度的增加而增大，因而表观黏度也增大，且在 25% 时达到最大。但是在单体浓度超过 25% 后，大量的聚合反应热不能及时散发出去，使聚合体系的温度急剧升高，加快了引发速率，使聚合物的分子量急剧降低，从而使聚合物溶液的表观黏度下降。该现象符合自由基反应的基本规律。

综合考虑增黏性以及工业化生产等因素，确定单体浓度为 25%。

2. 引发剂浓度的影响

根据自由基聚合反应的动力学关系可知，动力学链长与引发剂浓度的平方根成反比：

$$v = \frac{k_p}{2\left(fk_d k_t\right)^{1/2}} \cdot \frac{M}{[I]^{1/2}} \tag{4-1}$$

式中，v 为动力学链长；k_p 为聚合速率常数；k_d 为引发剂热分解速率常数；k_t 为终止速率常数；[I] 为引发剂浓度；M 为聚合物分子量。

引发剂浓度对聚合物分子量具有较大的影响，引发剂用量越低，聚合物的分子量越大。因此考查了引发剂浓度对聚合物溶液表观黏度的影响，复合引发剂总浓度分别为 80mg/L、110mg/L、140mg/L、170mg/L、200mg/L，实验结果见图 4-13。

从图 4-13 可以看出，在能够引发单体聚合的前提下，聚合物溶液的表观黏度随引发剂浓度的增加而增大，在引发剂浓度为 140mg/L 时达到最大值，随后继续增加引发剂浓度，由于聚合反应速率大幅度增加，聚合物的分子量降低，导致表观黏度也降低。根据实验结果，选取合适的引发剂浓度为 140mg/L。

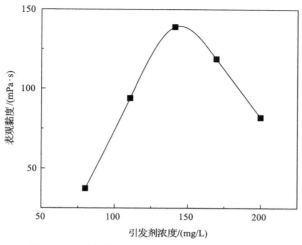

图 4-13　引发剂浓度对聚合物溶液黏度的影响

3. 引发温度的影响

引发温度对聚合物溶液的黏度具有一定的影响，引发温度过低，引发剂用量较大，不利于合成高效增黏性的聚合物，而引发温度高，又会增大聚合反应的速率，同样不利于合成高效增黏性的聚合物，因此必须合理控制引发温度。

作者考查了引发温度对聚合物溶液增黏性的影响，引发温度分别为–3℃、0℃、5℃、10℃，实验结果见图 4-14。

图 4-14 表明，低于 0℃时，诱导期长，且需要消耗大量的引发剂才能引发，聚合物溶液的表观黏度较低，而温度高于 0℃时，又由于引发剂分解速率过快导

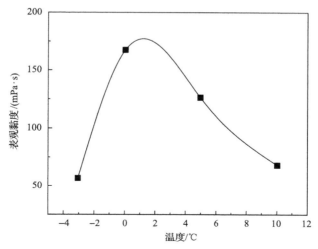

图 4-14　引发温度对聚合物溶液表观黏度的影响

致聚合反应速率大，不利于合成高效增黏性的聚合物。因此，该体系下合适的引发温度为0℃。

4. 反应时间的影响

聚合反应的反应时间对聚合物溶液的增黏性能和溶解性均具有一定的影响，若反应时间太短，聚合反应不充分，聚合物的分子量低，反应时间太长，有可能导致发生交联反应，使聚合物的溶解性能下降，因此必须合理控制聚合反应的时间。作者考查了聚合反应时间对聚合物溶液表观黏度的影响，聚合反应时间分别为1h、2.5h、4.5h、6h、8h，实验结果见图4-15。

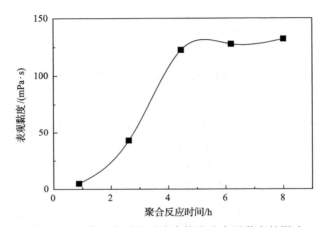

图4-15 聚合反应时间对聚合物溶液表观黏度的影响

从图4-15可以看出，反应时间为1h时，处于聚合反应的初期，聚合物溶液的黏度极低，随后在1~4h内，黏度急剧上升，继续增加反应时间，在4~8h内，聚合物溶液的黏度变化不大，达到平稳值。

综合考虑聚合物溶液增黏性、胶体硬度(若胶体硬度不够，不容易进行造粒、水解、干燥)等因素，确定聚合反应时间为6h。

5. 室内合成重复性研究

综上所述，确定了耐温抗盐聚合物室内合成方案为：聚合体系为1000mL，单体总浓度25%，其中MS质量分数为10%，疏水单体$C_{16}DA$摩尔分数为0.6%，B-1浓度为3000mg/L，EDTA浓度3000mg/L，无水硫酸钠浓度为100mg/L，引发剂为低温氧化还原引发剂、偶氮引发剂和引发助剂的组合物，浓度为140mg/L，引发温度0℃，聚合反应时间6h。聚合反应完成后，胶体用剪刀剪碎，加入水解剂及其60mg/L的水解助溶剂YL-2，于85℃水解3h，水解完成后加入60mg/L的干燥助溶剂JS-1，于85℃下干燥2h左右，粉碎，筛分，得到白色或微黄色的聚合物样品。

在上述方案下，以溶解时间、分子量和表观黏度为指标，研究了聚合反应的重复性，实验结果见表4-12。

表4-12 聚合反应重复性测试结果

批号	60℃溶解时间/h	1750mg/L 溶液黏度/(mPa·s)
1#	2	187.4
2#	2	224.6
3#	2	201.8
4#	2	198.0

表4-16表明，聚合反应的重复性测试结果较好，溶解时间均为2h，聚合物溶液表观黏度在187.4～224.6mPa·s，实验结果具有较好的一致性。

三、驱油用缔合聚合物产品结构表征及性能评价

（一）提高分子间缔合效率的合成技术研究

根据罗平亚院士提出的利用聚合物分子链（束、团）间相互作用来建立体系黏度的理论模型[6]，缔合聚合物溶液是一种超分子体系，是典型的结构流体，其表观黏度由结构黏度和非结构黏度组成，其中结构黏度主要与缔合聚合物疏水单体的疏水缔合作用有关。疏水缔合作用可存在于分子内和分子间，分子内的缔合作用导致聚合物分子链卷曲，流体力学体积减小，表现为较小的表观黏度；而分子间缔合作用形成超分子聚集体，流体力学体积大幅度增大，表现为较高的表观黏度，当缔合聚合物浓度超过链交叠浓度后，溶液的黏度主要由分子间缔合作用所产生的结构黏度构成。冯茹森等[7]系统地研究了 HAWSP 溶液结构黏度与分子间缔合作用的关系，在非缠结亚浓溶液区，结构黏度所占的比例大于80%；在缠结亚浓溶液区，结构黏度所占比例达到了99%以上。可见分子间缔合效率对缔合聚合物溶液的增黏性能具有较大的影响[8,9]。

分析认为，疏水缔合聚合物溶液分子间缔合效率的影响因素主要表现在两个方面：一是疏水单体自身的性质，尤其是其疏水链的性质；二是疏水基团在缔合聚合物分子主链上的微观分布。在疏水单体确定后，分子间缔合效率的主要影响因素为疏水链在缔合聚合物分子主链上的微观分布。

在胶束聚合的典型配方下，聚合体系中含有大量的胶束，每一胶束内疏水基团的数目用 N_H 表征：

$$N_H=\frac{[M_H]}{[M_j]}=\frac{[M_H]}{([S]-CMC)/N_{agg}} \tag{4-2}$$

式中，[M_H]为疏水单体的浓度；[S]为表面活性剂的浓度；CMC 为表面活性剂在溶液中的临界胶束浓度；N_{agg} 为表面活性剂形成胶束时的聚集数。

由此可见，疏水基团的微观分布（即 N_H 值的大小）与疏水单体的浓度、表面活性剂的类型和浓度，以及溶液的性质等密切相关。有研究者指出，含有相同疏水单体及含量的缔合聚合物，其分子主链上疏水嵌段越长，单位疏水基团越大，范德瓦耳斯力越强，当疏水基团碰撞时，更易形成分子间缔合；另外，疏水基团的嵌段越长，在同一分子链上相邻疏水基团的间距越大，这样发生分子内缔合的概率就较小。从这些研究可以看出，N_H 值的大小对分子间缔合效率具有较大的影响[10]。

因此，本书以缔合聚合物溶液的增黏性能为指标，采用多种手段来研究疏水链的微观分布对分子间缔合效率的影响，以确定在本书研究的高温高盐条件下提高分子间缔合效率最有效的方式。

1. 疏水单体浓度的影响

根据疏水嵌段长度表征值 N_H 的影响因素，提高疏水单体的浓度使 N_H 值增加，可以改变疏水链在聚合物主链上的微观分布。

作者考查了疏水单体摩尔分数为 0.2%、0.4%、0.6%、0.8%、1.0%时，对聚合物增黏性能的影响，实验结果见表 4-13。

表 4-13　疏水单体浓度对聚合物增黏性的影响

疏水单体摩尔分数/%	1750mg/L 溶液黏度/(mPa·s)
0.2	12.5
0.4	54.5
0.6	127.6
0.8	131.5
1.0	97.2

表 4-13 表明，疏水单体浓度对聚合物的增黏性能具有较大的影响，在疏水单体摩尔分数为 0.2%～0.8%时，随浓度的增加，溶液的黏度增大，这是因为疏水单体摩尔分数增加后，主链上疏水嵌段越长，更易形成分子间缔合。在疏水单体摩尔分数大于 0.8%，甚至达到 1.0%时，虽然疏水嵌段长度增加，但是由于疏水单体的链转移作用导致聚合物分子量降低，分子间缔合作用受到影响，溶液黏度降低。因此，通过改变疏水单体的浓度，能起到调整微嵌段结构的作用。

2. 氯化钠浓度的影响

小分子电解质氯化钠的加入能起到调节聚合体系极性的作用，随氯化钠浓度的增加，压缩胶束扩散双电层的能力越强，越容易降低表面活性剂分子之间的静电斥力，使更多的表面活性剂单体进入胶束中，因此胶束聚集数 N_{agg} 值越大，从而导致 N_H 值越大。

作者考查了氯化钠浓度分别为 0mol/L、0.01mol/L、0.05mol/L、0.25mol/L、0.5mol/L 时，对聚合物增黏性能的影响。实验结果见表 4-14。

表 4-14　氯化钠浓度对聚合物增黏性的影响

氯化钠浓度/(mol/L)	1750mg/L 溶液黏度/(mPa·s)
0	94.1
0.01	106.8
0.05	215.4
0.25	191.4
0.5	39.6

表 4-14 的实验结果表明，小分子电解质氯化钠的加入提高了聚合物溶液的黏度，当氯化钠的浓度增加至 0.05mol/L 时，聚合物溶液的黏度从 94.1mPa·s 增加至 215.4mPa·s，增黏幅度约达到 130%，增黏效果明显，这充分说明了在疏水单体浓度不变的条件下，改变聚合物的嵌段结构后，促进了疏水基团之间的分子间缔合作用，提高了分子间缔合效率，导致黏度成倍增加。当氯化钠的浓度大于 0.05mol/L 后，溶液黏度降低，这是因为过多的氯化钠起链转移剂的作用，使聚合物分子量大幅度下降，黏度降低。因此，调整疏水基团在缔合聚合物大分子主链上的微观分布能起到提高分子间缔合效率的作用。

3. 表面活性剂的影响

加入表面活性剂后，在聚合体系中形成胶束而增溶疏水单体，调节表面活性剂的浓度即可调节胶束的聚集数。由于表面活性剂除了起调整胶束结构的作用外，还对体系有链转移作用，因此考查了两种不同类型的表面活性剂 SUF-1 和 SUF-2 对缔合聚合物溶液分子间缔合效率的影响，实验结果见表 4-15 和表 4-16。

表 4-15　SUF-1 对聚合物增黏性能的影响

SUF-1 浓度/(mg/L)	1750mg/L 溶液黏度/(mPa·s)
300	67.4
500	92.4
700	146.7
1000	101.2
1200	54.2

表 4-16　SUF-2 对聚合物增黏性能的影响

SUF-2 浓度/(mg/L)	1750mg/L 溶液黏度/(mPa·s)
300	24.3
500	45.6
700	54.7
1000	87.6
1200	76.4

表 4-15 和表 4-16 表明，表面活性剂类型和浓度都对溶液的增黏性有较大的影响，选取的两种表面活性剂中，SUF-1 的加入且浓度适当时能使聚合物保持较高的黏度，而 SUF-2 的加入对提高聚合物增黏性能的效果较 SUF-1 差，这是因为表面活性剂除了起调整疏水链微观分布的作用外，还对聚合反应起链转移作用，而链转移作用的大小也对聚合物增黏性能有较大的影响。

（二）结构表征

红外检测结果表明，合成的驱油用缔合聚合物产品中具有 AMPS 和 $C_{16}DA$ 功能单体，与设计结构一致，见图 4-16。

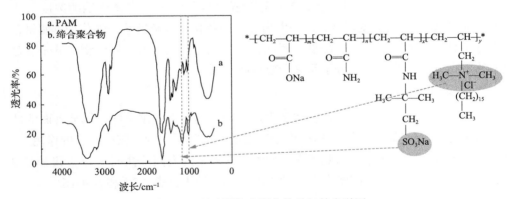

图 4-16　驱油用缔合聚合物的红外光谱图

（三）缔合聚合物工业化产品的性能评价

由于地层岩石、流体的复杂性，聚合物驱油效果受多种因素的影响，因此需要针对油田的实际情况，合理选择驱油用聚合物。一般来讲，驱油用聚合物应满足以下性能。

（1）良好的水溶性。

（2）具有明显的增黏性，加入少量的聚合物就能显著提高水相黏度。

(3)化学稳定性好，与油层水及注入水中的离子不发生化学反应。

(4)剪切稳定性好，在多孔介质中流动时，溶液的黏度不能明显降低。

(5)抗吸附性，防止因聚合物在孔隙中产生吸附而堵塞地层，使渗透率下降或使溶液黏度降低。

(6)在多孔介质中有良好的传输性。

本书根据油田对驱油用聚合物的要求，按照企业标准《驱油用缔合聚合物AP-P5》，对缔合聚合物工业化产品在高温高盐油藏条件下的性能进行了评价。实验采用模拟盐水的组成见表 4-17。

表 4-17　模拟盐水离子组成表

离子类型	浓度/(mg/L)
Na^+	7047
Ca^{2+}	433
Mg^{2+}	70
HCO_3^-	591
Cl^-	11493

1. 增黏性

作者评价了缔合聚合物工业化产品的主要增黏参数，与常规 HPAM 相比，表观黏度、多孔介质中流动视黏度、热稳定性方面均有显著提高，实验结果见表 4-18。

表 4-18　主要增黏性参数对比表

样品	特性黏数/(mL/g)	流动视黏度/(mPa·s)	表观黏度/(mPa·s)	老化 70 天的表观黏度/(mPa·s)
AP-P5	2045	27.5	33.7	32.0
前期缔合聚合物	912	12.3	118.0	—
常规 HPAM	2510	25.6	12.6	11.2

2. 驱油性能

作者评价了缔合聚合物工业化产品 AP-P5 的驱油性能，实验结果见表 4-19 和表 4-20。

表 4-19　缔合聚合物工业化产品的单管驱油效率

注聚方案	填砂管渗透率/$10^{-3}\mu m^2$	孔隙体积/mL	孔隙度/%	含油饱和度/%	转注聚时采收率/%	预测采收率/%	最终采收率/%	提高采收率/%
0.15%AP-P5-0.3PV	1489	52.9	35.9	81.3	58.8	63.4	79.8	16.4

表 4-20　缔合聚合物工业化产品的双管驱油效率

配方	渗透率/$10^{-3}\mu m^2$	级差	平均渗透率/mD	含油饱和度/%	转注聚时采收率/%	水驱理论采收率/%	最终采收率/%	提高采收率/%
0.15%AP-P5-0.3PV	1037(低管)、4995(高管)	0.7	3016.0	82.3	30.7	34.7	59.9	25.2

由图 4-17 和图 4-18 及表 4-19 和表 4-20 实验结果表明，缔合聚合物工业化产品单管驱油实验提高采收率幅度为 16.4%；在双管并联驱油条件下，分流效果很好，提高采收率幅度达到 25.2%，低管贡献 18.3%，高管贡献 6.9%，驱油效果较好。

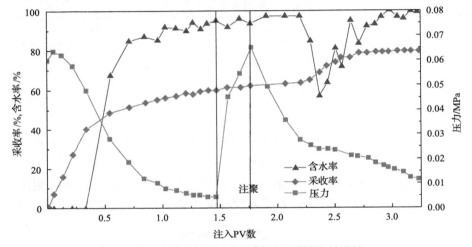

图 4-17　缔合聚合物工业化产品的单管驱替曲线

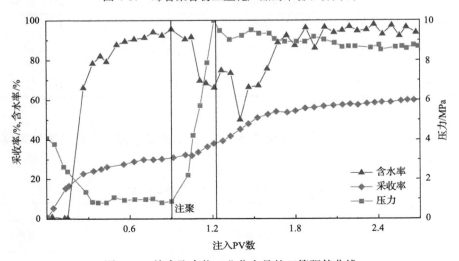

图 4-18　缔合聚合物工业化产品的双管驱替曲线

第二节　嵌段型聚合物设计与合成

聚合物的微观序列结构决定着聚合物的性能。含有少量疏水单体的聚丙烯酰胺，当疏水单体在聚合物链上分别以微嵌段结构和无规结构存在时，在水溶液中前者表现出更强的缔合能力，更高的表观黏度。两亲类聚合物，当聚合物是两嵌段或三嵌段时，在溶液中可以形成胶束或囊泡聚集体，在生物医药等领域具有广阔应用前景。阳离子接枝聚合物，由于阳离子单体在聚合物链上以长序列嵌段结构存在，增加了局部电荷密度，提高了聚合物与溶液中阴离子污染物相互作用的能力，从而提高了聚合物的絮凝能力。因此在共聚物组成不变的情况下，通过改变聚合物的微观结构，使各共聚单体以嵌段结构存在，可以赋予聚合物更好的性能。

一、嵌段型聚合物的分子结构设计

模板聚合是生物体内重要生物物质(如蛋白质、核酸等)合成的重要途径，作为模板的大分子链对子聚合物的分子链结构具有精准的控制，使得遗传信息得以传递，并赋予不同的生命物质以不同的功能。在模板聚合中，最关键的是存在一个可以起到模板作用的聚合物，这一聚合物通过某种作用力(氢键作用力、疏水作用力、范德瓦耳斯力、静电力等)改变单体的聚合行为，从而改变目的聚合物的结构、性质或性能。

按照驱油用聚丙烯酰胺分子链中单体单元结构，可以看作是丙烯酰胺与丙烯酸的共聚物，根据这两种共聚单体及模板聚合的特点，可以选择两类聚合物作为模板引入丙烯酰胺与丙烯酸共聚体系中，实现对聚丙烯酰胺产物结构的控制。一类为阳离子聚合物，它的加入可以引起共聚单体中丙烯酸的定向排列，而丙烯酰胺则不受影响，聚合后可以得到嵌段结构产物。另一类为具有形成氢键作用力的聚合物，在适当的 pH 下，这类聚合物可以只与丙烯酰胺相互作用，而与处于离子状态的丙烯酸无相互作用，聚合后也可得到嵌段结构产物。

二、嵌段型聚合物的合成

模板共聚物 P(AM-AA)的合成：以不同比例的丙烯酰胺与丙烯酸钠配成溶液，加入一定量的模板聚合物，通氮 1h，加入 0.3%(单体重)的引发剂 AIBA，45℃下反应，反应过程中随着聚合物的生成而产生相分离，反应进行 12h。反应结束后加入过量的稀盐酸溶解聚合物，加入丙酮重沉淀，将模板聚合物分离，重复三次。

(一)阳离子聚合物模板

1. 模板作用

在 AM-AA 模板共聚合反应体系中，采用聚甲基丙烯酰氧乙基三甲基氯化铵

（PDMC）为模板，阴离子单体 AA 和阳离子型模板聚合物 PDMC 发生离子键合作用形成缔合体，中性单体 AM 与模板则没有相互作用[11,12]。为观察模板对共聚反应动力学的影响，设计实验条件如下：总单体浓度为 1.5mol/L，AM 与 AA 摩尔比为 4∶1，引发剂浓度为 7.9×10^{-4}mol/L，反应温度为 35℃，300W 高压汞灯照射引发聚合，紫外光强度为 5.0mW/cm²，使用硬质玻璃滤除 300nm 以下紫外光。改变模板 PDMC 用量，以聚合反应速度 R_p 对模板 PDMC 单体单元和单体 AA 的摩尔浓度比[PDMC]/[AA]作图，得到结果如图 4-19 所示。

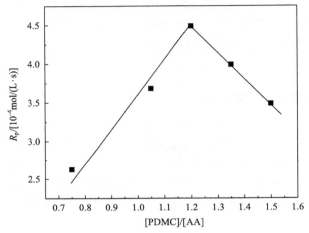

图 4-19　[PDMC]/[AA]对聚合反应速度 R_p 的影响

[AIBA]=7.9×10^{-4}mol/L

　　由图 4-19 可以看到，随着[PDMC]/[AA]比值的增大，聚合速度 R_p 逐渐增大，在 1.2 处达到最大值，然后又迅速下降，符合Ⅰ型模板聚合反应机理的典型特征，说明 PDMC 用作丙烯酸类单体聚合反应的模板能够取得良好的"分子组装"效果。当[PDMC]/[AA]<1.2 时，单体丙烯酸（AA）络合在模板上的比例随着[PDMC]/[AA]的增大而增大，R_p 也随着[PDMC]/[AA]的增大而增大；当[PDMC]/[AA]>1.2 时，随着模板物质的量的增加，模板的充满程度逐渐下降，单体在模板上的排列变得不连续，间距也越来越大，导致 R_p 下降。单纯以反应机理为出发点来考虑，可以预见 R_p 的最大值应该出现在[PDMC]/[AA]=1 处，而实际结果却是在 1.2 处。造成这种现象的原因经推断主要有两方面：一是模板聚合物本身存在"缺陷"，即聚合物链上存在一些不能和 AA 单体发生相互作用的结构单元；二是实验所使用的模板 PDMC 中含有少量的水。这两个原因都导致模板的效率稍低于理论值。另外值得指出的是，虽然在此聚合体系中有 AA 和 AM 两种单体存在，聚合反应动力学的现象仍然呈现出典型的Ⅰ型模板聚合特征，说明在共聚合过程中，AM 的存在并没有影响 PDMC 和 AA 之间的相互作用。

2. 竞聚率常数的测定

在模板聚合反应中，由于模板的作用，单体的反应活性会发生显著变化。在以 PDMC 为模板进行的 AM/AA 模板共聚合体系中，PDMC 模板仅对单体 AA 产生选择性的吸附作用，而对另一单体 AM 没有吸附作用，这必然会影响它们各自的竞聚率 r_1(AA) 和 r_2(AM)。

为了测定竞聚率常数，保持单体总浓度为 1.5mol/L，[PDMC]/[AA]=1.2，引发剂浓度为 1.5×10^{-3}mol/L，反应温度为 35℃等条件不变，改变 AM 和 AA 的摩尔比，在转化率低于 10%的情况下，利用电导滴定的方法确定即时反应体系的组成，按照 Kelen-Tudos 方法处理数据。

由单体投料比 $x = M_1/M_2$（摩尔比）和共聚物组成比 $y = m_1/m_2$（质量比），$\alpha = (x_{min}x_{max})/(y_{min}y_{max})^{0.5}$，有

$$\frac{x(y-1)}{\alpha y + x^2} = \frac{r_1 + r_2/\alpha}{\alpha y + x^2 - r_2/\alpha} \tag{4-3}$$

按 Kelen-Tudos 方程，由 η 对 ξ 作图，如图 4-20 所示。

$$\eta = (r_1 + r_2/\alpha)\xi - r_2/\alpha \tag{4-4}$$

式中，$\eta = \dfrac{x(y-1)}{\alpha y + x^2}$；$\xi = \dfrac{x^2}{\alpha y + x^2}$。

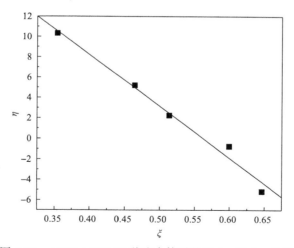

图 4-20 AM/AA/PDMC 共聚合体系的 Kelen-Tudos 曲线

由图 4-20 中斜率和截距可以计算得到单体竞聚率 r_1(AA) 为 22.15，r_2(AM) 为 1.72，线性相关系数为 0.992；而同等条件下没有模板存在时，AM/AA 共聚合的竞聚率 r_1(AA) 为 0.31，r_2(AM) 为 0.93。显然，由于模板的作用，丙烯酸的竞聚率大大提高，表明在共聚反应的初始阶段，它有强烈的自动增长倾向；同时，

加入模板后 AM 的竞聚率也增加，表明它也能够生成和普通共聚相比更长的序列。因此可以推断，在模板 PDMC 的作用下，AM/AA 共聚合反应可以得到 AA 单元序列结构较长的嵌段共聚物。

通过以上一系列的动力学研究，可以看出模板 PDMC 对 AM/AA 共聚合反应体系有着明显的影响。在该体系中模板 PDMC 和单体 AA 之间存在很强的相互作用，使得体系的聚合反应动力学具有 I (zip) 型模板聚合反应的典型特征；而另一单体 AM 则单独存在于水溶液中，模板对其不起作用。共聚合反应速度 R_p 最大值出现在模板和单体 AA 摩尔比 1.2 处。由于模板的作用，AA 单体的竞聚率大大提高，说明生成的共聚物中 AA 单元序列长度和普通共聚合产物相比显著增加，共聚物具有类嵌段结构。

(二) 氢键作用模板

1. 聚合机理研究

在 AM/AA 模板共聚合反应体系中，加入一种可以与单体通过氢键发生相互作用的聚合物作为模板。若控制体系 pH 约为 6，在该 pH 下，丙烯酸多以离子形式存在，与模板的氢键作用弱于 AM 与模板的作用，丙烯酰胺可以通过氢键与模板发生相互作用。在这种条件下的聚合反应仍然可以得到具有类嵌段结构的产物。为观察模板对共聚反应的动力学影响，设计实验条件如下：总单体浓度为 1.5mol/L，AM 与 AA 摩尔比为 4 : 1，引发剂浓度为 7.9×10^{-4}mol/L，反应温度为 35℃，300W 高压汞灯照射引发聚合，紫外光强度为 5.0mW/cm^2，使用硬质玻璃滤除 300nm 以下的紫外光，选择模板为聚乙烯醇 (PVA)。改变模板用量，以聚合反应速度 R_p 对模板单元和单体 AM 的摩尔浓度比[PVA]/[AM]作图，得到结果如图 4-21 所示。

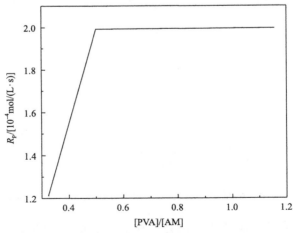

图 4-21　[PVA]/[AM]对聚合反应速度 R_p 的影响

[AIBA]=7.9×10^{-4}mol/L

由图 4-21 可以看到，随着[PVA]/[AM]比值的增大，聚合速度 R_p 逐渐增大，在[PVA]/[AM]= 0.5 处达到最大值，然后随着[PVA]/[AM]继续增加，聚合反应速度几乎无变化，符合Ⅱ(pick-up)型模板聚合反应机理的典型特征，说明在氢键作用的模板作用下，AM/AA 的聚合反应是按照模板聚合机理Ⅱ进行反应的。

2. 竞聚率常数的测定

为了测定竞聚率常数，保持单体总浓度为 1.5mol/L，[PVA]/[AM]=0.5，引发剂浓度为 7.9×10^{-4}mol/L，pH=6.0，反应温度为 35℃等条件不变，改变 AM 和 AA 的摩尔比，在转化率低于 10%的情况下，利用电导滴定的方法确定即时反应体系的组成，按照 Kelen-Tudos 方法处理数据。

由图 4-22 中斜率和截距可以计算得到单体竞聚率 r_1(AA) 为 1.1，r_2(AM) 为 1.45，线性相关系数为 0.992；而同等条件下没有模板存在时，AM/AA 共聚合的竞聚率 r_1(AA) 为 0.31，r_2(AM) 为 0.93。显然，由于模板的作用，丙烯酰胺与丙烯酸的竞聚率相应地提高。因此可以推断，在有氢键作用模板作用下，AM/AA 共聚合反应可以得到 AA 及 AM 单元序列结构较长的类嵌段共聚物。

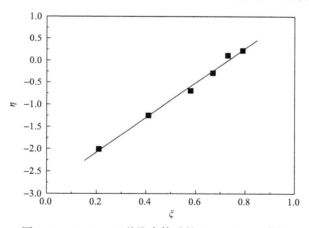

图 4-22　AM/AA/T 共聚合体系的 Kelen-Tudos 曲线

通过以上一系列的动力学研究，可以看出有氢键作用模板对 AM/AA 共聚合反应体系有着较明显的影响。在该体系中模板和单体 AM 之间存在较强的相互作用，而另一离子型单体 AA 则单独存在于水溶液中，模板对其不起作用。共聚合反应具有模板聚合Ⅱ型机理特征。竞聚率的测定结果表明，共聚物有形成类嵌段结构的倾向。

三、嵌段型聚合物结构表征

丙烯酰胺/丙烯酸共聚物分子量的测定采用国家标准《聚丙烯酰胺特性粘数测定方法》（GB/T 12005.1—1989）。

^{13}C-NMR 的测定采用 Bruker DPX 400 核磁共振波谱仪，聚合物溶液浓度为

1%，溶剂为重水，1,4-二氧六环（$\delta=67.4$）为内标。

（一）静电作用模板

不同聚合物的 ^{13}C-NMR 谱如图 4-23 所示，图中从左到右两组峰分别为羧酸及酰胺的羰基共振峰。左边一组峰裂分成三重峰，从低场到高场分别为以丙烯酸为中心的三元序列结构（AAA，AAM，MAM），右边的一组峰也裂分为三重峰，从低场到高场分别为以丙烯酰胺为中心的三元序列结构（AMA，AMM，MMM），共聚物中丙烯酸含量（f_{AA}）按式（4-5）计算：

$$f_{AA}=I_{co}(A)/[I_{co}(M)+I_{co}(A)] \tag{4-5}$$

式中，$I_{co}(A)$ 为共聚物中丙烯酸羰基峰面积；$I_{co}(M)$ 为共聚物中丙烯酰胺羰基峰面积。丙烯酸及丙烯酰胺各三元序列含量的计算由各自共振峰的面积除以相应各峰的面积总和得到。经计算得出不同共聚物样品的丙烯酰胺及丙烯酸三元序列结构的含量（表 4-21）。

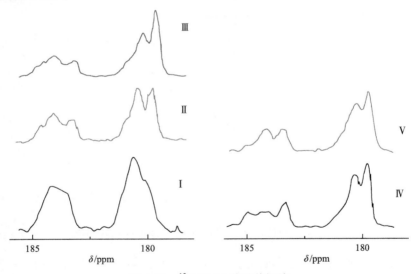

图 4-23　^{13}C-NMR 羰基共振峰

表 4-21　丙烯酰胺（M）丙烯酸（A）三元序列相对含量

样品	PDMC/AA 摩尔比	共聚物中的 f_{AA}	$M_w/10^6$	[MMM]	[MMA]	[AMA]	[MAM]	[AAM]	[AAA]
I	0:1	0.36	2.46	0.27	0.60	0.12	0.35	0.55	0.10
II	1:1	0.36	1.80	0.43	0.40	0.17	0.32	0.41	0.27
III	1:1	0.31	1.94	0.54	0.36	0.10	0.31	0.44	0.25
IV	2:1	0.30	1.1	0.46	0.43	0.11	0.41	0.34	0.25
V	1:2	0.29	1.87	0.47	0.38	0.15	0.41	0.43	0.16

由表 4-21 可以看出：①在共聚物的丙烯酸含量相同时，模板共聚物和普通共聚物相比，具有更长的丙烯酰胺及丙烯酸序列，这与动力学的结果是一致的，即 PDMC 模板可以显著地提升共聚物两种单体 AM 和 AA 的序列长度。②丙烯酸与丙烯酰胺的投料比对共聚物中丙烯酰胺的序列含量会产生明显的影响，而对丙烯酸的序列影响不大。如 PDMC/AA=1∶1 时，丙烯酸投料由 0.35 降到 0.3 时，MMM 含量增加了近 10 个百分点，相应的 MMA 和 AMA 量有所减少。显然，当丙烯酸投料比降低时，丙烯酰胺的相对浓度增加，因此导致丙烯酰胺三单元 MMM 含量增加。③在模板分子量及投料比相同的情况下，比较模板对丙烯酸投料摩尔比（PDMC/AA）的影响，可发现，当模板与丙烯酸投料比偏离 1∶1 时，它们的序列结构出现很大的不同。当 PDMC/AA 减小到 1∶2 时，三元序列中 MMM 含量明显下降，由 0.54 降到 0.46，AAA 三元序列含量也由 0.25 显著下降至 0.16，而其他如 MMA、AMA、MAM 含量则显著增加。

（二）氢键作用模板

保持单体总浓度为 1.5mol/L，[PDMC]/[AM]=0.5，引发剂浓度为 7.9×10^{-4}mol/L，pH=6.0，反应温度为 35℃等条件不变，所得聚合物的 ^{13}C-NMR 谱如图 4-24 所示，图中从左到右两组峰分别为羧酸及酰胺的羰基共振峰。左边一组峰裂分成三重峰，从低场到高场分别为以丙烯酸为中心的三元序列结构（AAA，AAM，MAM），右边的一组峰也裂分为三重峰，从低场到高场分别为以丙烯酰胺为中心的三元序列结构（AMA，AMM，MMM），共聚物中丙烯酸含量（f_{AA}）按式（4-5）计算。

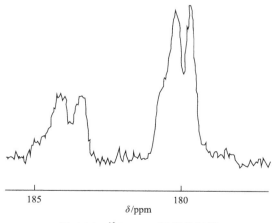

图 4-24　^{13}C-NMR 羰基共振峰

经计算得出不同共聚物样品的丙烯酰胺及丙烯酸三元序列结构的含量（表 4-26）。

由表 4-22 及以前的研究结果可以看出，在共聚物的组成相同时，氢键作用模板共聚物和普通共聚物相比，具有较长的丙烯酰胺及丙烯酸序列，这与动力学的结果是一致的，即模板可以提升共聚物中两种单体 AM 和 AA 的序列长度，但与通过静电作用力相互作用的模板相比，丙烯酰胺及丙烯酸的序列长度有所降低。在相同丙烯酰胺及丙烯酸配比的情况下，MMM 含量降低了近 10 个百分点，AAA含量降低了近 9 个百分点。这一结果符合共聚合反应的机理。

表 4-22　丙烯酰胺(M)丙烯酸(A)三元序列相对含量

共聚物中的 f_{AA}	$M_w/10^6$	相对含量					
		[MMM]	[MMA]	[AMA]	[MAM]	[AAM]	[AAA]
0.29	3.62	0.42	0.40	0.18	0.39	0.44	0.17

四、溶液表观黏度

图 4-25 列举了在聚合物溶液中浓度 1.0g/L 条件下，不同聚合物样品的溶液黏度和 pH 的关系，可以看到，随着 pH 升高至一定值，模板共聚物各样品的溶液黏度均发生大幅度升高，达到最大值后又开始回落。溶液黏度增加的幅度随共聚物的丙烯酸含量的增加而显著提升。然而，这种 pH 变化引起的增黏现象在对应的普通共聚物溶液中明显小了很多(图 4-26)。

图 4-27 为聚合物溶液黏度在中性条件下随盐浓度增加而变化的曲线，可以看出两种聚合物溶液黏度均随盐浓度增加而降低，但模板共聚物的溶液黏度却比普通共聚物溶液黏度高很多。

从这一结果看，在聚合物分子量相当的情况下，增加聚合物中单体的序列长度，确实增加了聚合物溶液的表观黏度，这与预想结果一致。

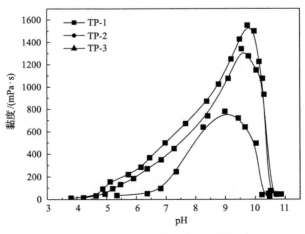

图 4-25　pH 对模板共聚物溶液黏度的影响

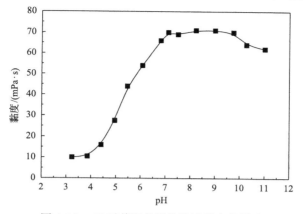

图 4-26　pH 对普通共聚物溶液黏度的影响

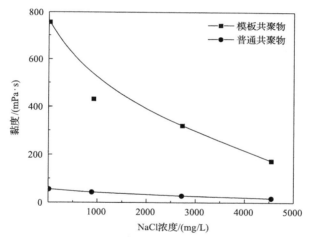

图 4-27　聚合物溶液黏度随盐浓度的变化

第三节　多元共聚型聚合物设计与合成

耐温抗盐多元共聚物是将一种或几种耐温抗盐的结构单元通过与丙烯酰胺共聚的方式引入，以提高聚合物分子主链的耐温、抗盐及热稳定性。主要方法包括引入大侧基或环状结构的刚性基团，或引入能抑制酰胺基水解的单体及不与二价钙、镁离子发生沉淀反应的基团，从而达到耐温抗盐的目的。

一、多元共聚物的分子结构设计

驱油用聚合物水溶液黏度的提高，依赖于聚合物分子化学结构的改进、聚合物分子量及其在水溶液中流体力学体积的增大。根据共聚物分子设计原理，选择价格适宜、来源广泛且易得的阴离子耐温抗盐单体 2-丙烯酰胺基-2-甲基丙磺酸(AMPS)、非离子型聚氧乙烯醚酯类(PEGA)、芳烷基聚氧乙烯基单体(CATX)等与丙烯酰胺(AM)，在复合型氧化还原体系引发下，采用水溶液聚合技术合成三元共聚物，并进行微波后水解，得到四元共聚物，通过共聚物中的磺酸基团、羧酸基团和高分子链侧基的协同作用提高共聚物的耐温、抗盐性能。通过调节双亲支链中疏水和亲水链段的长度，可有效提高共聚物溶液在高温高盐环境下的表观黏度。同时，对共聚物的水溶液性能进行了较为全面的研究。

二、多元共聚物的合成

利用正交实验设计法，采用水溶液聚合法合成了丙烯酰胺基水溶性聚合物。具体实验步骤如下：①将一定量的 2-丙烯酰胺基-2-甲基丙磺酸和丙烯酰胺溶解于适量的去离子水中，容器置于冰水浴中，用等物质的量的 Na_2CO_3 水溶液中和至中性(pH=7)，得到 AM-NaAMPS 溶液；②将上述两种溶液按投料比充分混合，依次加入各种添加剂，定容，使单体的总浓度为设计值；③将混合液转移至四口瓶中，通氮驱氧 30min后，加入还原剂甲醛和次亚硫酸氢钠，再通氮 5min，加入氧化剂过硫酸铵，在氮气保护下，于适当温度反应一定时间，结束聚合反应，得到胶状的三元共聚物；④将所得胶状产物置于容器中，放入微波水解反应器内进行水解反应，制得四元共聚物；⑤将得到的产物用无水乙醇沉淀，如此重复多次，以除去残留的表面活性剂和未反应的单体，最后，将产物于 50℃下真空干燥 8h，将所得产品置于干燥器中保存备用。

三、功能单体的合成及表征

合成耐温抗盐多元共聚物的关键是合成及引入耐温抗盐功能单体，本书合成了三种类型的功能性单体，并对所合成的单体分别进行了红外和核磁表征。

(1)非离子型聚氧乙烯醚酯类化学结构如下：

$$H_2C=\overset{H}{\underset{}{C}}-\overset{\overset{O}{\parallel}}{C}-O-CH_2-CH_2-(OCH_2CH_2)_{21}O-CH_3$$

(2)含芳烷基聚氧乙烯醚丙烯基单体化学结构如下：

$$H_2C=\overset{}{\underset{H}{C}}-\overset{H_2}{C}-O-(\overset{H_2}{C}-\overset{H_2}{C}-O)_n\overset{}{C}-CH_2-O-\bigcirc-R$$

(3)马来酸酐双亲混合高级酯单体(MADE)结构如下：

$$\begin{array}{l} O=\overset{}{\underset{}{C}}-O-\overset{H_2}{C}-\overset{H_2}{C}-O-(\overset{H_2}{C}-\overset{H_2}{C}-O)_{19}\overset{H_2}{C}-\overset{H_2}{C}-O-\overset{H_2}{C}-\overset{H_2}{C}-OCH_3 \\ \\ O=\overset{}{\underset{}{C}}-O-\overset{H_2}{C}-\overset{H_2}{C}-\overset{H_2}{C}-\overset{H_2}{C}-\overset{H_2}{C}-\overset{H_2}{C}-\overset{H_2}{C}-\overset{H_2}{C}-\overset{H_2}{C}-CH_3 \end{array}$$

（一）聚氧乙烯单醚丙烯酸酯

图 4-28 中，1113cm^{-1} 处为聚氧乙烯醚链上 C—O 的伸缩振动吸收峰；1634cm^{-1} 处为 C=C 双键的伸缩振动吸收峰，1725cm^{-1} 处为 C=O 双键的伸缩振动吸收峰；3400cm^{-1} 处—OH 键的伸缩振动峰消失，表明原料聚氧乙烯单甲醚酯化反应完全。图 4-29 中，化学位移在 5.8~6.5ppm 处出现双键的三个质子峰，因为 C=O 双键的空间效应不同，所示质子峰 a、b、c 出现在不同位置；d、e 分别为聚氧乙烯醚链上的质子峰；f 为端甲基的质子峰。结果表明，通过酯化反应成功合成了甲基聚氧乙烯醚丙烯酸酯单体，双键没有被破坏，因此可用于与丙烯酰胺的共聚反应。

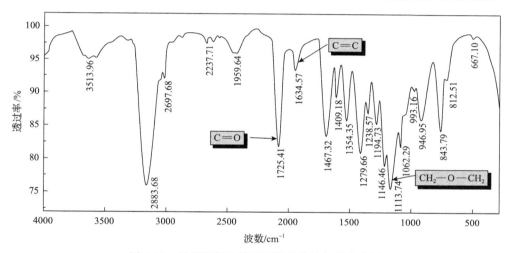

图 4-28　甲基聚氧乙烯醚丙烯酸酯的红外光谱图

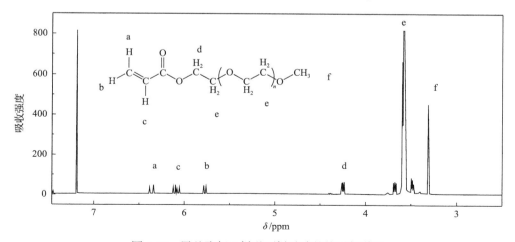

图 4-29　甲基聚氧乙烯醚丙烯酸酯的核磁氢谱图

(二)含芳烷基聚氧乙烯醚丙烯基单体

在此基础上，对功能单体进行优化改性，合成了无酯基结构的双亲性功能大单体丙烯基叔辛基酚聚氧乙烯醚，改性后的单体耐水解性能更强，可保证在高温高盐环境中仍保持很强的稳定性，进一步改善丙烯酰胺共聚物的耐老化性能。在单体的合成上，采用 Williamson 法，具体路线如下：

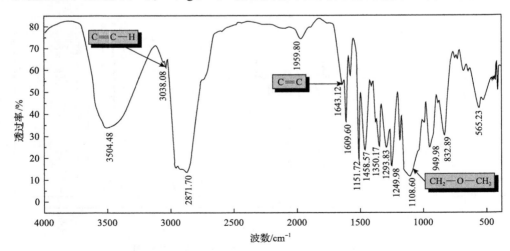

产物的红外光谱和核磁氢谱图如图 4-30 所示。

产物的红外光谱图 4-30 中，1110cm⁻¹ 处为聚氧乙烯醚链上 C—O 的伸缩振动吸收峰；1632cm⁻¹ 处为 C=C 双键的伸缩振动吸收峰，3050cm⁻¹ 处为 C=C 双键上 C—H 的吸收峰，3400cm⁻¹ 处的峰为未反应的少量原料 TX-100 的—OH 伸缩振动吸收峰。产物的核磁共振图 4-30 中，化学位移在 5～6ppm 处出现双键的三个质子峰，其中 a、b、c 因为受到醚键的空间效应影响出现在不同位置；d 为 C=C 双键上亚甲基的质子峰；e、g、h、i 分别为聚氧乙烯醚链上的质子峰，因受到双

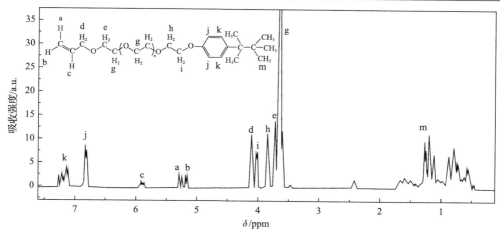

图 4-30　丙烯基叔辛基酚聚氧乙烯醚的红外光谱及核磁氢谱图

键和苯环的作用发生不同化学位移；m 为烷基链上的质子峰；j、k 为苯环上两种化学环境不同的两种质子峰。结果表明，通过 Williamson 反应成功合成了丙烯基叔辛基酚聚氧乙烯醚单体，纯度较高，双键没有破坏，因此可用于与丙烯酰胺的共聚反应。

（三）马来酸酐双亲混合高级酯单体

基于非离子极性相斥的思想，为了使功能性单体的疏水链段和亲水链段在聚合物主链上规则排布，增强链段的相斥性。作者设计合成了一种双支链的功能性梳型单体——马来酸酐双亲混合高级酯单体（MADE），该单体的可聚合双键的一端连接亲水性长链，另一端连接疏水性长链。由于该单体原料采用顺丁烯二酸酐，因此 MADE 也为顺式构型，即亲水长链和疏水长链垂列在双键的同一侧。合成方法及产物构型如图 4-31 所示。

MADE 的红外光谱和核磁氢谱图如图 4-32 所示。

结果表明，马来酸酐双亲混合高级酯单体被成功合成，双键没有被破坏，因此可用于与丙烯酰胺的共聚反应。

四、双官能度引发剂的合成、表征与初步应用

采用双官能度引发剂可以大大提高聚合物的分子量，作者以 2,5-二甲基-2,5-己二醇（DIOL）为原料，以过氧化氢为氧化剂，在催化剂存在下合成出 2,5-二甲基-2,5-二氢过氧基己烷双官能度引发剂（DIOOH）。

通过核磁共振碳谱对原料及产物进行表征的结果如图 4-33 和图 4-34 所示。

在图 4-33 和图 4-34 中过氧基的影响很明显，DIOOH 的伯碳、仲碳分别处于

24.19ppm 和 30.65ppm 处，比 DIOL 相应的甲基和亚甲基碳原子化学位移 29.41ppm、37.82ppm 向高场偏移了 5～7ppm，而季碳由于直接受过氧基的影响，向低场位移了约 12ppm，在 82.59ppm 检出。进一步经元素分析(表 4-23)结果可以看出，理论值与实测值非常接近，结合以上碳谱，可以基本确定产物为 DIOOH，并且纯度很高。

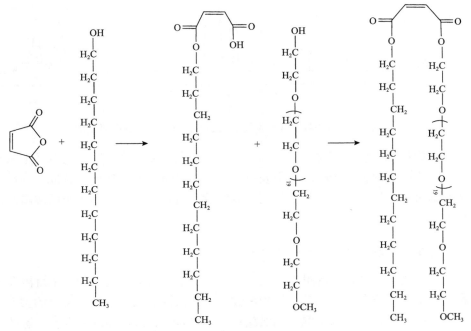

图 4-31　马来酸酐双亲混合高级酯单体 MADE 的合成示意图

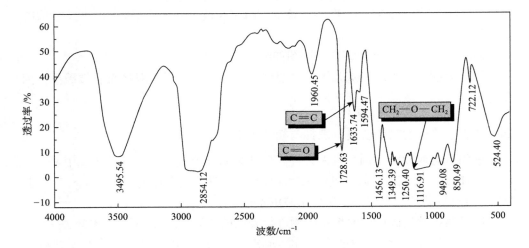

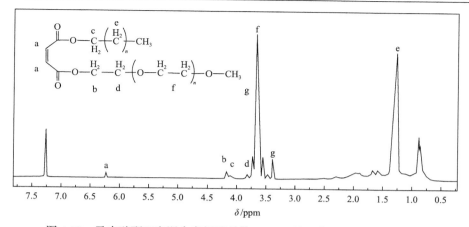

图 4-32　马来酸酐双亲混合高级酯单体 MADE 的红外光谱及核磁氢谱图

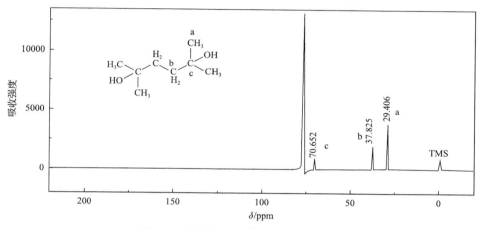

图 4-33　原料 DIOL 的核磁共振碳谱图

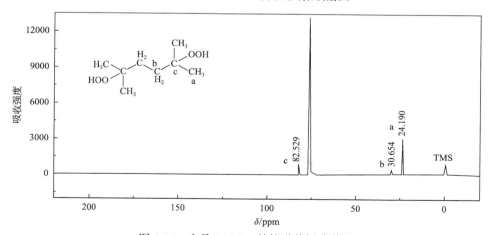

图 4-34　产品 DIOOH 的核磁共振碳谱图

表 4-23　DIOOH 元素分析结果

元素	实测值/%	理论值/%
C	53.675	53.972
H	9.988	10.112

初步使用双官能度引发剂进行了聚合物的合成实验，所得结果见表 4-24。

表 4-24　引发剂用量与产品分子量的关系

引发剂用量/mg	κ	α	溶液浓度/(g/mL)	原液流出时间 t_1/s	特性黏数 η/(mL/g)
1	802	1.25	0.000453	318.383	2582.275
2	802	1.25	0.000702	312.521	1607.142

从表 4-24 中可以看出，双官能度引发剂用量从 1.0mg 变为 2.0mg，产物分子量下降了一半。在反应初始温度 $T<5℃$，引发剂含量为单体含量的 0.05‰时，可得到特性黏数为 2582.275mL/g 的 HPAM。该种引发剂引发效率极高，微量使用即可合成高分子量的聚丙烯酰胺。但由于引发剂为实验室自制，目前阶段的提纯工作不能保证引发剂的引发成功率，因此，要应用于实际生产，还需进一步改进合成与提纯技术。

五、丙烯酰胺与非离子型聚氧乙烯酯类（MPEGA）的二元和三元共聚物结构及性能评价

（一）共聚物结构表征

P（AM-AA-MPEGA）的红外光谱分析和核磁氢谱表征见图 4-35。

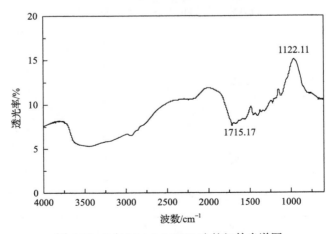

图 4-35　P（AM-AA-MPEGA）的红外光谱图

从图 4-35 可以看出，产品在 1715.17cm⁻¹ 处碳碳双键(C=C)的伸缩振动峰和 1122.11m⁻¹ 处烯氢键的振动吸收峰基本消失，由此可以证明单体分子发生了聚合反应，且聚合反应进行得较完全。同时，1715.17cm⁻¹ 处对应 C=O 的伸缩振动吸收峰，1122.11cm⁻¹ 处为酰胺基中—NH₂ 的面内摇摆振动峰，由于聚合反应中表活单体的摩尔分数很小，因此其在 1116cm⁻¹ 附近的醚键—CH₂—O—CH₂—反对称和对称伸展振动峰被酰胺基中—NH₂ 吸收峰所覆盖。通过以上分析可以证实该聚合物基本上符合理论上的结构，为目标产物。

从产物的核磁共振谱图(图 4-36)可知，产物在化学位移 5.79ppm、6.09ppm 和 6.37ppm 处双键的质子峰已经完全消失；在 1.4~1.8ppm(a)处为聚合物分子链上亚甲基的质子峰；在 2.0~2.3ppm(b)处为聚合物分子链上次甲基的质子峰，由此可以证明聚合反应进行得较完全。同时，在化学位移 3.7ppm(c)处出现 MPEGA 分子中氧乙烷结构单元的质子峰，证明在聚合反应过程中表活单体的分子结构没有被破坏，通过以上分析可以证实该聚合物为目标产物。

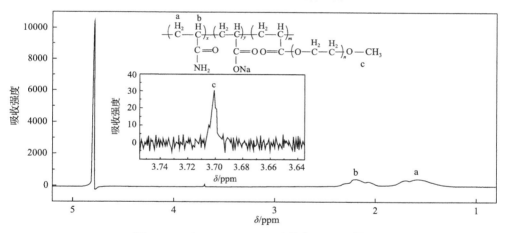

图 4-36　P(AM-AA-MPEGA)的 ¹H-NMR 谱图

(二)新型单体 CATX、MADE 与 AM 的共聚及其性能研究

1. P(AM-CATX)共聚物

P(AM-CATX)水溶液在一定条件下具有剪切增稠特性。图 4-37 为不同浓度 P(AM-CATX)(AM：CATX 的摩尔比为 98.8：1.2)共聚物水溶液表观黏度随剪切速率的变化情况。由图可知，随溶液浓度的增大，各聚合物溶液均表现出不同程度的剪切增稠现象，其中高浓度聚合物溶液更为明显。这可能是因为 P(AM-CATX) 在水溶液中疏水与亲水的分子链段间会发生排斥作用，形成舒展结构，使聚合物本身黏度得到大幅度提升，但是由于疏水组分含量低且无规分布，浓度涨落较大。当受到剪切作用时，溶液中聚合物分子间的相互作用增强，进而使黏度提高，但

随着剪切力增大，分子间排斥力作用遭到破坏时，溶液表现出剪切变稀行为。

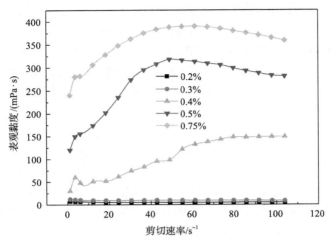

图 4-37　剪切速率对 P(AM-CATX)共聚物水溶液表观黏度的影响

　　P(AM-CATX)水溶液具有明显的盐增黏作用。图 4-38 为在浓度为 0.4%的上述二元共聚物溶液中分别加入不同质量分数的 NaCl、Na_2SO_4、$CaCl_2$ 后溶液表观黏度随剪切速率的变化情况。结果表明，随着无机盐浓度的增大，溶液表观黏度出现大幅度上升。

　　图 4-39 为 25℃下，剪切速率为 $20s^{-1}$ 时，三种不同种类的无机盐对 0.4%聚合物水溶液表观黏度的影响。随着盐含量的增加，聚合物溶液表观黏度均出现不同程度的升高，但不同的盐对聚合物溶液的增黏能力相差较大，依次为：Na_2SO_4＞NaCl＞$CaCl_2$。其中 Na_2SO_4 含量为 20%时，聚合物从溶液中析出。与 NaCl、$CaCl_2$ 相比，相同浓度下的 Na_2SO_4 的聚合物溶液增黏能力要强得多。

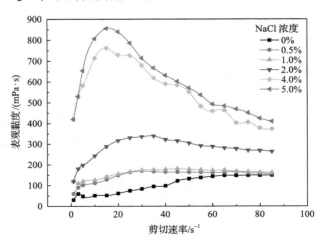

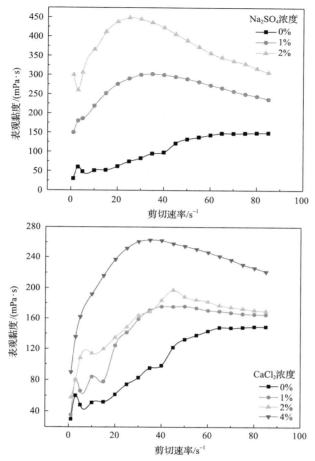

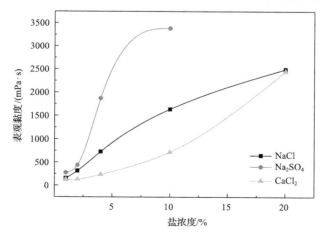

图 4-38　NaCl、Na₂SO₄、CaCl₂ 对 0.4%P(AM-CATX)共聚物水溶液表观黏度的影响

图 4-39　无机盐种类与浓度对 0.4%P(AM-CATX)共聚物水溶液表观黏度的影响

P(AM-CATX)水溶液具有独特的黏温特性。随温度的升高，P(AM-CATX)聚合物溶液表观黏度不断增大，特别是在低剪切速率下，黏度的突变更为明显。在较低温度下聚合物溶液表现出剪切增稠现象，但温度超过40℃时，溶液呈现剪切变稀现象。这可能是因为随着温度升高，大分子单体中链段亲水性减弱。

由图 4-40 可知，P(AM-CATX)聚合物溶液在浓度为 0.4%时具有明显的剪切增稠现象；随着盐浓度的增加，聚合物溶液的黏度呈现上升的趋势，具有非常明显的盐增黏特性；在较低温度范围(<40℃)内，P(AM-CATX)聚合物的水溶液黏度随温度的上升有所增加，表现出一定的温敏特性，但是 P(AM-CATX)聚合物由于分子量较低而受到一定的限制。

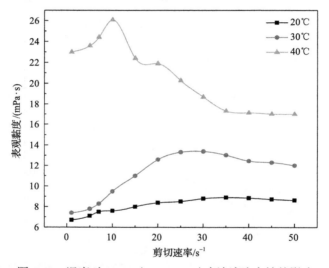

图 4-40　温度对 0.4%P(AM-CATX)水溶液流变性的影响

2. P(AM-AA-MADE)共聚物

将 MADE 与 AM 进行共聚后水解，得到三元共聚物 P(AM-AA-MADE)，其红外光谱和核磁氢谱图分别如图 4-41 和图 4-42 所示。

红外光谱(图 4-41)中，1110cm^{-1} 处为 MADE 结构单元上聚氧乙烯醚链上醚键的特征吸收峰。核磁氢谱图中(图 4-42)，a、b 分别为聚合物主链上亚甲基和次甲基的化学位移；3.6ppm 处为聚氧乙烯醚链上的质子峰；0.5～1.5ppm 出现疏水烷基支链的质子峰。由以上结果可知，新型单体 MADE 已成功引入共聚物结构之中。推测该共聚物具有优良的增黏及耐温抗盐性能，但由于其单体体积大、聚合活性较低，得到的共聚物还未达到应用水平。

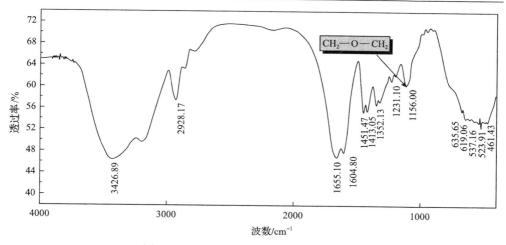

图 4-41　P(AM-AA-MADE)的红外光谱图

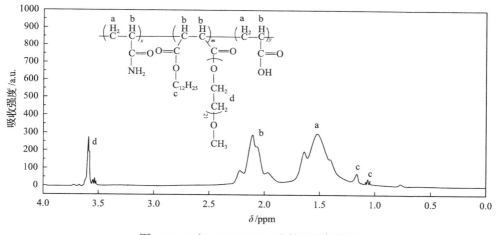

图 4-42　P(AM-AA-MADE)的核磁氢谱图

六、AMPS、NVP 的二元及三元共聚物的合成、结构、性能研究

（一）共聚物结构表征

AMPS 和 NVP 是传统上用来改进 PAM 耐温抗盐性能的单体，国外相关的报道很多，但国内还未发展成为驱油剂。根据分子模拟的计算结果，作者从它们与 AM 的二元共聚物开始，合成出了 P(AM-AA-AMPS)、(AM-AA-NVP-AMPS)等多元共聚物，并对其流变性能进行了研究[12]。

图 4-43 中，3436.22cm^{-1} 处的宽峰是酰胺基上 N—H 的伸缩振动峰，2929.18cm^{-1} 处为亚甲基的伸缩振动峰，1402.14cm^{-1} 和 1451.70cm^{-1} 处为 AMPS 单元中甲基的

伸缩振动峰,1677.89cm^{-1} 为羰基的伸缩振动峰。图 4-44 中 1673cm^{-1} 处为聚合 NVP 中酯基伸缩振动峰,1320cm^{-1} 处出峰为 NVP 上五元环中 C—H 弯曲振动峰,以上分析初步表明,AM、AMPS 与 NVP 已成功共聚。经过特性黏数测试得到,两种共聚物的特性黏数分别为 2100mg/L 和 1475mg/L。

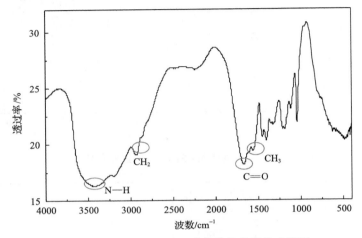

图 4-43　P(AM-AA-AMPS)共聚物的红外光谱图

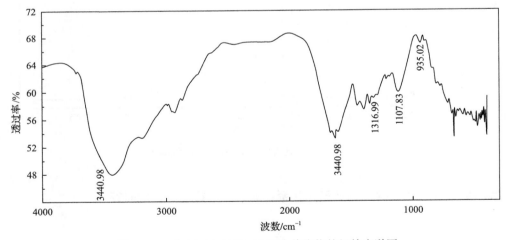

图 4-44　P(AM-AA-NVP-AMPS)共聚物的红外光谱图

(二)共聚物流变性能评价

1. P(AM-AA-AMPS)共聚物的流变性能评价

由不同浓度的 P(AM-AA-AMPS)共聚物在去离子水中表观黏度随剪切速率的变化曲线(图 4-45)可知,P(AM-AA-AMPS)共聚物水溶液在稳态下的黏度随着溶液浓度的增大而增大，1500mg/L 的共聚物在低剪切速率下，其溶液黏度可达到 5mPa·s 以上，而当共聚物溶液浓度增加到 3000mg/L 时，其溶液的黏度能够达到 10mPa·s 以上，说明 P（AM-AA-AMPS）共聚物具有很强的增黏能力，且 P（AM-AA-AMPS）共聚物在一定频率范围内具有较好的抗剪切能力。

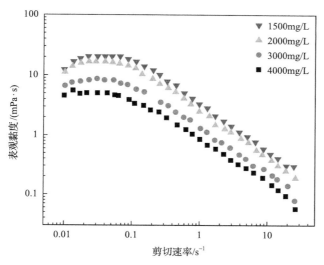

图 4-45　不同浓度的 P（AM-AA-AMPS）溶液黏度随剪切速率变化曲线

由图 4-46 可知，溶液黏度在盐浓度为 20000～50000mg/L 基本没有太大的变化。低剪切速率下，共聚物盐溶液的黏度在 1Pa·s 以上。P（AM-AA-AMPS）共聚物样品的抗盐性能优异，在盐溶液浓度 5000～20000mg/L 时，增加盐含量，黏度都不会有太大变化。但和水溶液相比，盐溶液的黏度还是有所下降的。

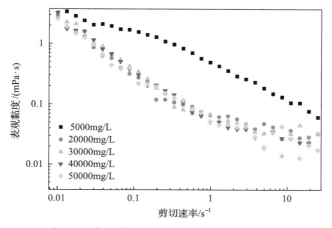

图 4-46　氯化钠浓度对共聚物溶液黏度的影响

因为以上测试均是在 70℃条件下进行的，说明共聚物具有较好的抗温性。综上所述，目前作者合成的 P(AM-AA-AMPS)共聚物具有一定的耐温抗盐性能，所得的聚合物特性黏数在 2000mL/g 左右，具有一定的应用前景。

2. P(AM-AA-NVP-AMPS)共聚物溶液性能研究

NVP 结构中含有五元环侧基，其大位阻效应可以提高聚合物的刚性，从而提高聚合物的耐温性能。由于 NVP 还有抑制酰胺基进一步水解的作用，也有利于提高聚合物的抗盐性能，据此合成具有一定耐温抗盐性能的共聚物 P(AM-AA-AMPS)，在此基础上再引入耐温单体 NVP，可进一步提高共聚物的耐温性。

对得到的共聚物进行黏温性能测试，结果如图 4-47 所示。

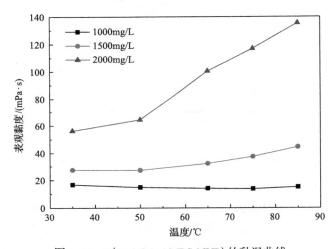

图 4-47　P(AM-AA-AMPS-NVP)的黏温曲线

由图 4-47 可知，P(AM-AA-AMPS-NVP)共聚物的黏温曲线有独特表现，该四元共聚物溶液的表观黏度随浓度增加而增加，在高温下更为明显。随温度上升，聚合物溶液表观黏度上升，具有非常优良的耐温抗盐性能。通过对测试溶液滞后曲线进一步研究表明，黏度的上升源于一种物理作用。

通过改变NVP与AMPS的含量,作者合成了一系列四元共聚物。浓度为 2000mg/L 的聚合物溶液黏温性能表征如图 4-48 所示。

NVP 与 AMPS 单体的含量如图 4-48 所示。当功能单体总含量大于 5.5%时，表观黏度的起点在 25~30mPa·s。而当功能单体总含量小于 3.5%时，表观黏度起点在 40~45mPa·s。原因很明显，如果加入的功能单体含量过大，共聚物的分子量降低，导致表观黏度下降。当 NVP 的含量过少，为 0.1%时，随温度升高聚合物溶液表观黏度下降速率加快；而当 NVP 含量增加时，聚合物溶液表观黏度的下降速率减慢，甚至在高温下其黏度也基本不变。

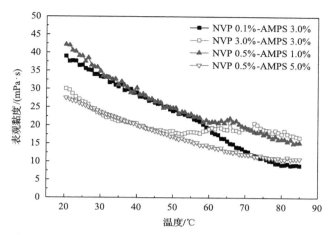

图 4-48 P(AM-AA-AMPS-NVP)系列聚合物的黏温曲线对比

NVP 的加入可以显著提高聚合物的耐温抗盐性能，当 NVP 含量为 0.5%时，便赋予了共聚物溶液一种独特的温敏性质。但其缺点在于共聚物的分子量会受到很大的影响，特性黏数只能达到 1500mL/g 左右。如果合成出高分子量的共聚物，其突出的耐温抗盐性能值得期待。

七、主要结论及认识

多元共聚路线是切实可行的，是最有可能突破聚丙烯酰胺耐温抗盐性差的技术瓶颈的合成方法，也是改进聚丙烯酰胺驱油剂性能的发展方向。其中 P(AM-AA-AMPS-NVP)共聚物具有非常优良的耐温抗盐性能，并具有一定的温敏性，但特性黏数仍有待提高。热稳定性测试发现，NVP 对提高聚合物热稳定性有明显的改进，虽然引入 NVP 降低了分子量，导致四元共聚物特性黏数降低，但进一步改进合成技术有望大幅度提高其特性黏数。

参 考 文 献

[1] 万刚, 马超, 赵林. 三次采油用耐温抗盐聚合物的性能评价[J]. 广东化工, 2015, 42(16): 271-274.

[2] 孙薇, 孙举, 李旭东, 等. AMPS/AM 三元共聚物驱油剂的合成及性能评价[J]. 钻采工艺, 2009, 32(04): 87-88, 121.

[3] 赵修太, 吕华华, 信艳永. 抗温耐盐驱油用聚合物研究现状[C]//中国油田采油与集输用化学品开发应用研讨会, 贵阳, 2010.

[4] 罗开富, 叶林, 黄荣华. 疏水缔合水溶性聚合物的溶液性质[J]. 油田化学, 1999, (3): 286-290.

[5] 张鹏. 疏水缔合型阳离子聚丙烯酰胺的制备及性能研究[D]. 济南: 山东大学, 2010.

[6] 赵众从, 刘通义, 罗平亚, 等. 一种疏水缔合聚合物水溶液的黏弹性与减阻特性研究[J]. 油田化学, 2014, (04): 594-599.

[7] 冯茹森, 王用良, 李华兵, 等. 疏水缔合聚合物溶液结构与流变关系研究[C]//全国高分子学术论文报告会, 大连, 2011.

[8] 高丙娟. 丙烯酰胺类疏水缔合聚合物的合成及其性能研究[D]. 青岛: 中国海洋大学, 2011.

[9] 仇东旭. 疏水缔合羟乙基纤维素的合成与性能研究[D]. 青岛: 中国石油大学, 2011.

[10] 魏举鹏. 疏水缔合聚合物室内研究与现场应用[D]. 成都: 西南石油学院, 2005.

[11] 朴吉成. 具有磺酸盐结构的疏水缔合水溶性共聚物的制备与性能研究[D]. 济南: 山东大学, 2008.

[12] 朱荣娇, 郝纪双, 刘淑参, 等. 疏水缔合聚丙烯酰胺的性能评价[J]. 天津大学学报, 2012, 45(6): 540-545.

第五章 耐温抗盐聚合物性能评价

第一节 基本物化性能评价技术

聚丙烯酰胺(polyacrylamide)简称 PAM，由丙烯酰胺单体聚合而成，是一种水溶性线型高分子物质。聚合物的基本物化参数一般包含固含量、分子量、水解度、表观黏度、溶解性、聚合物不溶物含量、残余单体含量等，这些是聚合物的基本参数是驱油剂非常重要的筛选指标，而各指标之间既互相联系又互相制约。

一、固含量

聚丙烯酰胺产品是由其凝胶状产品经过烘干、造粒和筛分后得到的，产品中不可避免会含有一定量的水分。因此，聚合物的固含量定义为聚合物干粉或胶状及乳液状聚合物除去水分等挥发物质后固体物质的含量，通常用百分数表示。它是评价聚合物质量性能的一项重要指标。一般聚合物干粉的固含量在 90% 以上，胶状聚合物的固含量在 30% 左右。

聚合物干粉检测中，固含量的测定直接影响着分子量、水解度、表观黏度、过滤因子及筛网系数等参数的测定。固含量的测定通常需要取三组平行样进行测试，取其平均值。当单个测定值与平均值偏差大于 0.5% 时，须重新取样测定。为提高固含量测定效率，可采用一次做五个或五个以上的平行样，减少因偶然误差给测定带来的不必要重复工作，对测定结果选取最接近的三个值进行计算，从而提高测定效率。

二、水解度

HPAM 中带电基团链节的含量称为离子度。当阴离子基团为羧基时，因常由酰胺基经水解反应得到，其含量又称为水解度。因此，水解度的定义是聚丙烯酰胺在 NaOH 作用下酰基转变为羧钠基，羧基的链节在聚合物链节中所占的百分数[1]。

水解度是影响聚合物增黏性能的一项重要指标，一般随着聚合物水解度的增高，聚合物溶液的黏度增大，这是由于水解产生的阴离子在水溶液中产生强烈的静电排斥作用，导致线团扩张，产生较大的增稠效果[2]。但阴离子基团的这种排斥作用还显著依赖于水中的矿化度，尤其是水中的二价离子，二价离子与羧酸基的缔合会降低 HPAM 的水溶性，当水解度较高时甚至产生沉淀。因此，准确地测定 HPAM 的水解度，对正确控制聚合物驱油剂的应用性能，以及研究聚合物驱油剂的结构与应用性能间的规律，进而有效地预测其性能起着重要的作用。

依据聚合物的结构分析，测定 HPAM 水解度的方法包括以下几种。

(1) 氮含量的元素分析。

(2) ^{13}C-NMR 法。

(3) 红外光谱法。

(4) 热重分析法。

(5) 量热法。

(6) 电导滴定法。

(7) 电位滴定法。

(8) 普通酸碱滴定。

以上各种方法各有优缺点和适用范围。在这些测定方法中，前五种方法基于 HPAM 的化学结构仪器分析。其中前三种方法通过同时测定酰胺基与羧基的相对含量，计算水解度，可不受样品中含水量、含盐量等杂质的影响，但一般仪器分析测定的精度仍有限，且需大型仪器。后三种方法则是基于酸碱反应的化学滴定，较为简便，适合于一般实验室分析。

目前，实验室测定聚丙烯酰胺水解度的方法主要是国标《部分水解聚丙烯酰胺水解度测定方法》(GB/T 12005.6—1989)中规定的酸碱滴定法，即用甲基橙-靛蓝二磺酸钠为指示剂测定聚丙烯酰胺水解度，它可以用于不同聚合方法得到的粉状和胶状部分水解聚丙烯酰胺的水解度的测定，测定范围在 1%～45%。但是，近几年来随着注聚规模的扩大，开发研制了许多适合高温高盐油藏的新型耐温耐盐聚合物，这些新型驱油剂的分子结构产生了不小的变化，常规测试方法难以直接用于耐温抗盐聚合物驱油剂的测试。同时普通酸碱滴定法在实际操作中还存在指示终点判别不明显、取样量少、盐酸标准溶液用量少，以及没有扣除空白的影响等问题，从而造成测定结果偏差比较大。因此，针对新型耐温抗盐聚合物，在普通酸碱滴定法的基础上建立了利用自动电位滴定仪进行水解度测试的新方法。

电位滴定的原理是在酸碱滴定过程中测定溶液的 pH(或电位)随滴定体积的变化。在电位滴定中，以 pH 计为辅助仪器，随滴定剂的不断加入，读出两电极的电位差(pH)随滴定剂体积的变化，根据所用酸的体积来计算水解度。

该方法主要的实验步骤如下：称取一定量的聚丙烯酰胺样品，用蒸馏水溶解；用 DL50 自动电位滴定仪，以 HCl 标准溶液滴定，记录所消耗的盐酸的体积；同时进行空白测定，记录消耗的盐酸的体积；用公式计算聚丙烯酰胺样品的水解度。

三、表观黏度

液体或气体在流动时，在其分子间产生内摩擦的性质，称为液体的黏性，黏性的大小用黏度表示，该参数用来表征液体性质相关的阻力因子。这种液体分子之间因流动或相对运动所产生的内摩擦阻力就称为液体的黏度，以 η 表示，单位为 mPa·s。在聚合物的水溶液中，偶极水分子通过吸附或氢键在聚合物分子周围形成溶剂化层或成为束缚水，同时因带电基团间的静电斥力而使聚合物分子更加舒展，无规线团的体积增大，这就使得分子运动的内摩擦增大，流动阻力增加，所以溶液的黏度增加。

表观黏度是直接影响聚合物溶液流度控制作用的重要指标。在聚合物的评价体系中，无论是黏温、黏浓、黏盐、抗钙和镁等聚合物的增黏性能，还是热稳定性、毛细管剪切、静态吸附等应用性能，分析检测的核心都是表观黏度。因此说聚合物表观黏度是表征聚合物产品性能的重要参数，它的准确测试对于产品筛选、配方优化、现场质量跟踪及新体系研发都有重要的指导意义。

表观黏度的测试方法有多种，常见的有旋转法、毛细管黏度法、落球法等。作者目前多采用旋转法对聚合物溶液的黏度进行测试。

在聚合物黏度检测过程中发现，影响聚合物黏度的因素主要有两部分：①聚合物性质的影响；②环境的影响。

（一）聚合物性质的影响

聚合物性质对黏度测试准确性的影响主要表现在两个方面：

1. 产品溶解性的影响

由于聚合物结构的复杂性：①相对摩尔质量大并具有多分散性；②高分子链的形状有线型的、支化的和交联的；③高分子的聚集态存在非晶态或晶态结构，聚合物的溶解过程比起小分子物质的溶解要复杂得多，不同聚合物产品的溶解性能也不同，溶解性较差的聚合物会存在溶解不均匀的现象，从而造成聚合物黏度测试不准确。

2. 产品结构的影响

随着注聚规模的扩大，聚合物类型也从单一的水解聚丙烯酰胺发展到适用于高温、高盐油藏的各种类型聚合物。目前新型耐温抗盐聚合物发展迅速，类型多样，包括疏水缔合聚合物、复合型聚合物、两性聚合物等。对于结构简单的常规聚合物，溶解性好，黏度测试结果也较平行。但是对于产品中添加了小分子添加剂或者分子间作用力较明显的聚合物，溶液黏度会随放置时间或剪切时间的不同而发生变化，很难保证数据平行性。

（二）环境的影响

环境影响因素主要是空气湿度。空气湿度大，易造成聚合物潮解。在室内配制过程中固含量计算不易准确，聚合物产品容易潮解结块，从而造成溶液溶解程度不好，影响聚合物黏度的测试。

四、溶解性

聚合物的溶解性可以用溶解速度来测量。溶解速度是指在某一溶剂中单位时间内溶解溶质的量。溶解指的是超过两种物质混合而成为一个分子状态的均匀相的过程。

由于聚合物高分子的长链分子量大，因此当把聚合物浸入溶剂中时，聚合物不是马上溶解，而是一般分为两个阶段：首先是分子量小、扩散速率快的溶剂分子向高聚物中渗透，使高聚物体积膨胀，即溶胀；然后是高聚物分子向溶剂中扩散，均匀分散在溶剂中，达到完全溶解，形成均一的溶液。聚合物溶解时先溶胀的原因是：①聚合物蜷曲的形状能提供溶剂分子扩散进去的空间；②溶剂分子较小，扩散速度较快，在聚合物扩散至溶剂中引起它溶解之前，溶剂分子已扩散到聚合物分子间引起它的溶胀。

测定溶解性的最直接的方法是溶解速度。传统的测定方法有三种：电导率法、黏度法、背景试剂法。电导率法通过测定聚合物中离子的溶出达到平衡的时间作为溶解时间，黏度法通过测定聚合物溶液黏度达到平衡的时间作为溶解时间，背景试剂法是用肉眼观察加入有色试剂后的聚合物是否有未溶解颗粒来判断其溶解时间。其中，电导率法测试过程中，由于聚合物溶胀后离子的溶出就很快达到平衡，这时聚合物并未完全溶解；同时国标规定用电导率法测试溶解速度的浓度为380~420mg/L，而矿场应用的浓度一般大于1500mg/L，与矿场实际相差较大，因此不适用于实际情况。根据实际情况，目前实验室对溶解速度的测试采用黏度法，并结合目测，用玻璃棒挑起溶液肉眼观察，如果溶液不均匀，含有未溶颗粒、胶团，判定溶解性不好，可以不进行黏度测试。

图 5-1 是黏度法溶解速度确定图，从中分析得出黏度趋于稳定时所对应的时间，即为溶解速度。溶解时间一般小于 2h。

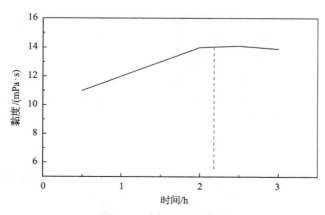

图 5-1　溶解速度确定图

五、残余单体含量

残余单体是与环保有关的重要指标。在聚丙烯酰胺生产过程中，采用丙烯腈为生产起始原料，中间产品是丙烯酰胺。丙烯酰胺的聚合物是无毒的，不过，在工业品聚丙烯酰胺中，难免残留微量的未聚合的丙烯酰胺单体——丙烯腈。丙烯腈属高强毒性，经皮肤吸收会中毒，为已知致癌物；丙烯酰胺具有中强度毒性，为神经毒剂，蒸汽吸入或皮肤吸收可引起中毒。因此，聚丙烯酰胺中残余单体含量作为评价聚合物质量的一项重要指标，已越来越受到人们的重视。同时，只有对聚合物产品中残余单体进行实时监控，才能及时反馈了解原料反应情况，对反应工艺中发现的问题及时调整。

残余丙烯酰胺单体含量作为驱油用聚丙烯酰胺产品质量的一项重要评价指标，是表征聚合物产品纯度、聚合度及反应收率的重要依据。目前采用的检测方法有化学法、离子交换液相色谱法及反相高效液相色谱分析法等。残余丙烯酰胺单体含量控制在≤0.1%。

化学方法采用衍生比色等，利用丙烯的酰胺官能团进行衍生后比色，该方法步骤烦琐，其结果准确度受衍生化试剂、反应条件及操作者偶然误差影响，难以适应油田矿场实际的需要。离子色谱分析法需采用特制的离子交换色谱柱和无机盐溶液作为流动相，采用电导检测器检测。因该方法色谱柱难以得到，且电导检测器灵敏度低下，难以达到检测结果准确度的要求。为此，可采用反相高效液相色谱分析法，采用普通 ODS 固定相、甲醇+水为流动相(质量比为 5/95)，220nm紫外检测。仪器试剂廉价易得，条件易于控制。该条件下丙烯酰胺色谱响应值高，与其他杂质能实现完全分离，线性范围及回收率指标远远优于其他分析方法。

六、特性黏度及分子量

(一)特性黏数及分子量测定

1. 溶液黏度的概念

利用黏度法测定分子量的方法已经被许多科研单位和企业广泛使用。黏度法能够研究聚合物分子结构，可以用于研究高分子在溶液中的形态和尺寸、高分子和溶剂分子间的相互作用等。

纯溶剂的黏度只取决于液体本身的性质和温度。当高分子进入溶剂中形成高分子溶液后可引起黏度变化，一般常用以下几个参数来度量。

1)相对黏度 η_r (relative viscosity)

$$\eta_r = \frac{\eta}{\eta_0} \tag{5-1}$$

式中，η 为溶液的黏度；η_0 为溶剂的黏度。

相对黏度表示溶液黏度相当于溶剂黏度的倍数。

2）增比黏度 η_{sp}（specific viscosity）

$$\eta_{sp} = \frac{\eta - \eta_0}{\eta_0} = \eta_r - 1 \tag{5-2}$$

增比黏度表示溶液的黏度比纯溶剂黏度增加的倍数。

3）比浓黏度 η_c（reduced viscosity）

$$\eta_c = \frac{\eta_{sp}}{c} \tag{5-3}$$

式中，c 为聚合物浓度。

4）比浓对数黏度 η_{lc}（logarithmic viscosity number）

$$\eta_{lc} = \frac{\ln \eta_r}{c} \tag{5-4}$$

5）特性黏数 $[\eta]$（intrinsic viscosity number）

特性黏数 $[\eta]$，定义为当高聚物溶液浓度趋于零时的比浓黏度或比浓对数黏度

$$[\eta] = \lim_{c \to 0} \frac{\eta_{sp}}{c} = \lim_{c \to 0} \frac{\ln \eta_r}{c} \tag{5-5}$$

特性黏数的定义是聚合物浓度趋近于零时增比黏度的极限值。

2. 测试仪器

1）乌氏黏度计

耐温耐盐聚合物产品特性黏度测试采用稀释法，使用乌氏黏度计，其由三根管组成，主要构造见图 5-2。

黏度计具有一根半径为 R、长度为 L 的毛细管，毛细管上端有一个体积为 V 的定量球 6，小球上下各有一根刻度线 5 和 7。待测溶液由注液管 1 加入，经测量毛细管 2 吸至刻度线 5 以上，再使测量毛细管 2 通大气，使溶液自然落下，记录液面流经刻度线 5 和刻度线 7 的时间。外加力为高度为 h 的液体自身的重力 P。

黏度计在使用前用蒸馏水清洗干净并干燥，对于新购置、长时间未使用或粘有污垢的黏度计要用铬酸洗液清洗浸泡 2h 以上，再用清水、蒸馏水清洗并烘干。

2）玻璃恒温水浴

乌氏黏度计要在恒温水浴中恒温使用，水浴有玻璃窗可供观察。水温能够精确控制在 30℃。

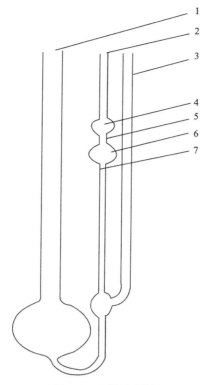

图 5-2　乌氏黏度计

1-注液管；2-测量毛细管；3-气悬管；4-缓冲球；5-上刻线；6-定量球；7-下刻线

3. 特性黏数计算原理

当液体受到压力 P，在半径为 R 的长管中稳定流动时，其流动规律遵从泊肃叶定律（Poiseuille law）：

$$\eta = \frac{\pi P R^4 t}{8LV} = \frac{\pi \rho g h R^4}{8LV} \cdot t = A\rho t \tag{5-6}$$

式中，A 为常数。

液体流出毛细管时会产生一定的速度，因此需要对液压进行动能校正，式（5-6）变化为

$$\eta = A\rho t - \frac{B\rho}{t} \tag{5-7}$$

式中，$\frac{B\rho}{t}$ 为动能校正项；A、B 均为与仪器有关的常数。

当溶液极稀时，溶液的密度近似于溶剂的密度，即 $\rho \approx \rho_0$，因此相对黏度为

$$\eta_r = \frac{\eta}{\eta_0} = \frac{A\rho t - \dfrac{B\rho}{t}}{A\rho t_0 - \dfrac{B\rho}{t_0}} = \frac{At - \dfrac{B}{t}}{At_0 - \dfrac{B}{t_0}} \tag{5-8}$$

动能校正项很小，可以忽略不计，因此

相对黏度为

$$\eta_r = \frac{\eta}{\eta_0} = \frac{t}{t_0} \tag{5-9}$$

增比黏度为

$$\eta_{sp} = \frac{\eta - \eta_0}{\eta_0} = \frac{t}{t_0} - 1 \tag{5-10}$$

黏度与浓度的关系有如下经验公式：

$$\frac{\eta_{sp}}{c} = [\eta] + K'[\eta]^2 c \tag{5-11}$$

$$\frac{\ln \eta_r}{c} = [\eta] + \beta[\eta]^2 c \tag{5-12}$$

式中，K'、β 均为常数。

测试中，配制不同浓度的溶液，测定溶剂及各浓度点溶液的黏度，在同一张图上，用 $\dfrac{\eta_{sp}}{c}$ 对 c 或者 $\dfrac{\ln \eta_r}{c}$ 对 c 作图，得到两条直线，外推至 $c=0$，两直线在图上共同的截距即为 $[\eta]$。

操作过程中，首先配制浓度较大的少量溶液，然后依次将一定量的溶剂加入黏度计中，稀释成不同浓度的溶液。这种浓度外推求 $[\eta]$ 的方法称为"稀释法"[3]。

4. 特性黏数测试步骤

1) 溶液准备

(1) 缓冲溶液：用蒸馏水将 1.3350g 一水合柠檬酸，26.6000g 磷酸氢二钠和116.9000g 氯化钠配制成水溶液，用 1L 容量瓶定容。

(2) 空白溶液：用蒸馏水将缓冲溶液稀释一倍即为空白溶液。

(3) 母液配制：用蒸馏水配制 0.1% 的聚合物溶液，放置 24h 进行熟化。

(4) 待测溶液：称取 25.00g 聚合物溶液于 50mL 容量瓶中，加入缓冲溶液至刻度线，混合均匀，此时溶液浓度为 500mg/L，记为 c_0，再用 G0 玻璃磨砂漏斗过滤。

2) 测试

(1) 将恒温玻璃水浴的温度调节在 30℃±0.05℃。用恒速搅拌器搅拌，保持整个水浴温度均匀。在稀释型乌氏黏度计(图 5-2)的管 2、管 3 上接上乳胶管。将黏度计垂直固定在恒温水浴中，水面应高过缓冲球 2cm。

（2）用移液管移取 10mL 空白溶液由管 1 加入黏度计中，应使移液管口对准管 1 的中心，避免溶液挂在管壁上。待溶液自然流下后，静置 10s，用吸耳球将最后一滴吹入黏度计。恒温 10min。紧闭管 3 上的乳胶管，经管 2 慢慢用吸耳球将溶液抽入球 6，待溶液升至球 4 一半时，取下吸耳球，放开管 3 上的乳胶管，让溶液自由下落。

（3）当待测溶液液面下降至刻度线 5 时，启动秒表，至刻度线 7 时停止秒表，记录溶液液面经过两条刻度线的时间。启动和停止秒表的时刻，应是溶液凹液面最低点和刻度线相切的瞬间，观察时应平视。

（4）按照（1）～（3）步骤重复测定三次，各次流经时间的差值不能超过 0.2s，取三次测定的算术平均值为空白溶液流经的时间 t_0。

（5）用移液管移去 10mL 待测溶液，按照上述（1）～（4）的方法测得溶液浓度为 c_0 时的流经时间，记为 t_1。

（6）用移液管移取 5mL 空白溶液，由管 1 加入乌氏黏度计，紧闭管 3 上的乳胶管用吸耳球打起鼓泡 10 次，使新加空白溶液与原有溶液混合均匀，使溶液吸上压下三次以上，此时溶液浓度为 $2/3c_0$，按照上述（1）～（4）的方法测得溶液浓度为 $2/3c_0$ 时的流经时间，记为 t_2。

（7）以（5）的方式在乌氏黏度计中再依次加入 5mL、10mL、10mL 空白溶液，每次加入完毕后测混合后溶液的流经时间，对应浓度为 $1/2\,c_0$、$1/3\,c_0$、$1/4\,c_0$，流经时间记为 t_3、t_4、t_5。

3）画图求值

（1）计算每个浓度点对应的相对浓度，此值为各点的实际浓度 c_n 与初始浓度 c_0 的比值，记为 c_r，其值分别为 1、2/3、1/2、1/3、1/4。

$$c_r = \frac{c_n}{c_0} \tag{5-13}$$

（2）用 t_0、t_1、t_2、t_3、t_4、和 t_5，按式（5-13）计算各个浓度下的相对黏度 η_r、增比黏度 η_{sp}。

（3）将以上结果填入表 5-1。

表 5-1　实验数据记录表

| c_r | 流经时间 | | | | η_r | η_{sp} | $\dfrac{\eta_{sp}}{c_r}$ | $\dfrac{\ln\eta_r}{c_r}$ |
	1	2	3	平均值				
1								
2/3								
1/2								
1/3								
1/4								

(4)以 c_r 为横坐标，分别以 η_{sp}/c_r 和 $\ln\eta_r/c_r$ 为纵坐标，在作图纸上作图。通过两组点各作直线，外推至 c_r=0，求得截距 H。见图5-3，若图上两条直线不能够在纵坐标上交于一点时，取两截距的平均值为 H。

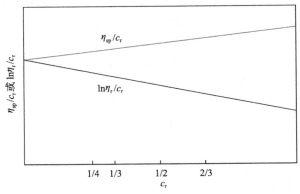

图 5-3　η_{sp}/c_r 或 $\ln\eta_r/c_r$ 与 c_r 关系

(5)按式(5-14)计算特性黏数：

$$[\eta] = \frac{H}{c_0} \tag{5-14}$$

式中，$[\eta]$ 为特性黏数，mL/g；H 为作图求得的截距；c_0 为测试溶液的初始浓度，g/mL。

5. 分子量计算

通过特性黏数计算耐温耐盐聚合物的分子量，按照式(5-15)计算：

$$M_\eta = ([\eta]/0.000373)^{1.515} \tag{5-15}$$

式中，$[\eta]$ 为特性黏数，mL/g；M_η 为黏聚分子量。

(二)自动分子量测定技术

1. 仪器介绍

所用仪器为德国 LAUDA 公司生产的自动分子量测定仪，该仪器为智能模块组合结构，见图5-4。它主要由主控器、测量台、恒温浴槽、制冷器、乌氏黏度计、Pt100 温度计、滴定台和控制软件等组成。仪器的主要优势：①独立的测量台，最高使用温度可达到 180℃，测量头中包括微型泵与耐化学物质的阀，采用压力提升溶液，提升时不产生气泡，确保每次测量都是成功的。②恒温浴槽，所用浴槽为可观测的透明视窗浴槽，并装配有一台可调功率的泵，保证整个浴槽温度的均匀性。同时此浴槽还有超温切断、监视浴温探头、超温保护和检查、低液位报警和低液位检查功能，确保测试过程中的安全性。③准确性，仪器自带动能校正功能，能消除稀溶液动量对结果的影响；滴定台最小滴定体积为 1μL，确保溶液浓度的准确性；磁力搅拌器内置于测量恒温浴槽底部，保证整个溶液的配制和浓度系列的改变在稀释乌氏黏度管过程中完成，保证测量数据的精度；红外线传感器计时，计时精度精确到毫秒，实现自动、精密的计时功能，时间测量范围 0～9999.99s，精度±0.01s，可同时进行四组特性黏数的测定。④强大的软件，计算溶液流动时间、标准偏差、运动黏度、动力黏度、黏数及特性黏度。

图 5-4　自动分子量测定仪

2. 特性黏数的测试原理及方法

测试原理：在一定的温度下精密地测量一给定体积的样品通过一根已知尺寸的毛细管所需要的时间。

测试方法：测量软件根据中国石化集团胜利石油管理局企业标准《驱油用聚丙烯酰胺》(Q/SH1020 1572—2006)编制，保证了测量结果的准确性。目前实验室测试聚合物特性黏数参照标准 Q/SH1020 1572—2006 的方法，使用稀释型黏度计，通过秒表计时，测定五个不同浓度聚合物溶液流经玻璃管的时间，线性外推求得特性黏数。工作量比较大，计算过程烦琐费时，只能满足聚合物样品检测的需求，对于常规聚合物研究实验，大批量测定聚合物的特性黏数不适用。自动分子量测定仪可实现自动稀释、自动计时及自动计算功能，大大减少了测试时间。图 5-5 为溶液稀释运行窗口，输入聚合物所需浓度，仪器可进行自动稀释。

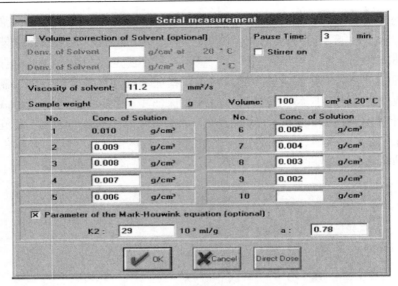

图 5-5　溶液稀释系列的运行窗口

3. 测试平行性与准确性

测试的平行性：选用 10 个常用聚合物，用自动分子量测定仪进行特性黏数的测定，共测定三次，从图 5-6 可以看出，仪器具有很好的稳定性，三次的测量结果平行性较好。

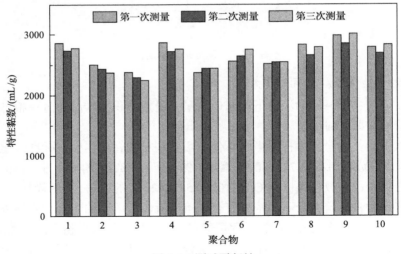

图 5-6　测试平行性

测试的准确性：选用 10 个常用聚合物，分别用手动测量方式和自动分子量测定仪进行特性黏数的测定，对比测试结果的准确性，从图 5-7 可以看出，两种测

试结果比较接近，自动分子量测定仪测定的特性黏数具有很高的准确性。

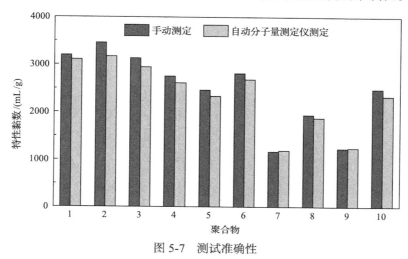

图 5-7 测试准确性

4. 小结

常规的线性外推法计算过程烦琐费时，工作量比较大，自动分子量测定仪可实现自动稀释、自动计时及自动计算功能，大大减少了测试时间。自动分子量测定仪测试聚合物的特性黏数比较准确，平行性较好。在今后的特性黏数测试中可用自动分子量测定仪测试聚合物的特性黏数。

第二节 聚合物溶液流变性评价技术

一、体相剪切流变性能评价技术

黏度是评价聚合物溶液性能好坏的一项重要参数，但是由于目前油藏条件越来越差，对聚合物溶液性能的要求也越来越高，为了增加聚合物溶液的表观黏度，聚合物在合成过程中都会引入一些疏水缔合单体或耐温抗盐单体而使聚合物在水溶液中产生结构黏度，因此黏度高的聚合物溶液驱油性能不一定好，所以除了需要对聚合物溶液的黏度进行测试之外，还需要对聚合物的流变性进行综合评价，才能评判聚合物驱油性能的好坏。因此随着化学驱在油田的广泛应用，特别是聚丙烯酰胺溶液的应用范围日益扩大，聚合物溶液体相流变性能对提高采收率的作用引起了油田工作者的极大关注。

体相流变性能是驱油体系溶液的本征流变性能，是指在外力的作用下，聚合物溶液发生流动和变形的性质，它由驱油体系的组成、组分的分子结构、分子形态及分子间的相互作用及溶液介质的性质决定，是影响驱油体系驱油效果的主要因素[4]。

聚合物溶液体相流变参数的描述方法多数都是借助于实验或分子模型。实验方法可以分为稳态剪切方法和振荡剪切方法及多孔介质中的渗流实验。稳态剪切方法是聚合物溶液受到流变仪转子旋转方向不变的作用力条件下，发生的流动和形变的关系，主要测试的是聚合物溶液的剪切流变性，包括聚合物溶液的黏度函数、松弛时间和第一法向应力函数等。振荡剪切方法(又称小振幅振荡实验)是对材料施加正弦剪切应变，而应力作为动态响应加以测定，主要获得溶液的损耗模量和储存模量等。因此，表征聚合物溶液体相流变的参数主要有剪切流变曲线、储能模量、损耗模量、松弛时间、第一法向应力差、魏森贝格数等，用这些参数能够比较不同聚合物溶液的黏性及弹性的大小。

(一)聚合物溶液的剪切流变模型

稳态剪切是一种非线性、大形变的剪切流动下的流变特性，与地层中的流动更为接近。尽管已经积累了大量的有关剪切黏度对剪切速率依赖性的实验数据，但仍然缺乏一种精确的非牛顿黏度理论能够与实验数据具有良好的吻合性。因此，人们提出了许多经验模型来描述高聚物体系的非牛顿黏度，其中有不少模型形式简单，但却能正确地描述聚合物溶液的剪切黏度与剪切速率的关系。这些经验公式已被广泛地用于解决与聚合物溶液有关的各种问题。但在使用各种经验公式时，必须注意它们的适用范围，否则计算就不正确。常用的描述聚合物溶液流变性的模型有以下几种。

1. Cross 模型

Cross 模型是从力学角度出发，考虑了流体中结构形成与破散的动态平衡过程，导出了一个描述假塑性流体流变性的四参数模型，其剪切黏度函数为

$$\eta = \eta_\infty + \frac{\eta_0 - \eta_\infty}{1 + (\lambda\dot\gamma)^m} \tag{5-16}$$

式中，η 为剪切速率下溶液的黏度，mPa·s；η_0 为零剪切黏度；η_∞ 为高剪切速率下的极限剪切黏度；m 为 $\lg\eta_e$-$\lg\dot\gamma$ 关系在幂律区的斜率，为流动行为指数(非牛顿性指数)，其中 η_e 为剪切黏度与极限剪切黏度的差值；λ 为松弛时间，其物理意义也可理解为 $\lambda = \dot\gamma_{1/2}^{-1}$ (其中，$\dot\gamma_{1/2}$ 为剪切速率)，即溶液流变性从第一牛顿区向剪切变稀区转变的时间常数，第一牛顿区与幂律区直线的交点所对应的剪切速率约为 $1/\lambda$。

在众多的广义牛顿流体模型中，对于黏度与剪切速率的关系，以 Cross 模型为最佳。

2. 幂律模型

幂律模型已被广泛地用来描述许多假塑性(剪切变稀)和胀流型(剪切增稠)流

体的流变特性。其剪切黏度函数为

$$\eta = K\dot{\gamma}^{n-1} \tag{5-17}$$

式中，η 为表观黏度，mPa·s；$\dot{\gamma}$ 为剪切速率，s^{-1}；K 为稠度系数，mPa·s^n；n 为幂律指数，无因次。

为了确定幂律流体的参数 K 和 n，对式(5-17)取对数：

$$\lg\eta = \lg K + (n-1)\lg\dot{\gamma} \tag{5-18}$$

用双对数坐标图表示幂律模型流变特征，如图 5-8 所示。

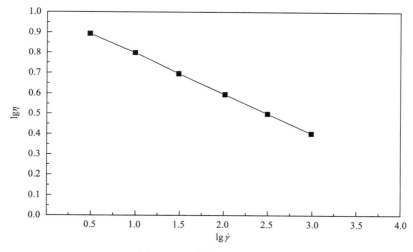

图 5-8　幂律剪切流变模型

在黏度和剪切速率的双对数坐标中，直线的斜率为 $n-1$，K 就是剪切速率为 1s^{-1} 时直线的截距。对假塑性流体，$n<1$；对胀流型流体，$n>1$；对牛顿流体，$n=1$。

幂律模型能描述在中等剪切速率下的聚合物溶液的黏度，但不能预测和描述零剪切黏度和极限剪切黏度。

3. Ellis 模型

Ellis 模型剪切黏度函数为

$$\frac{\eta_0}{\eta} = 1 + \left(\frac{\tau}{\tau_{1/2}}\right)^{a-1} \tag{5-19}$$

式中，η_0、$\tau_{1/2}$、a 为该模型的三个材料常数。$\tau_{1/2}$ 为当 $\eta = \eta_0/2$ 时的剪切应力值；$a-1$ 为 $\lg(\eta_0/\eta-1)$ 与直线 $\lg(\tau/\tau_{1/2})$ 的斜率，等效于幂律指数 n 的倒数。

　　Ellis 模型比幂律模型优越得多，它既包含了第一牛顿区，又包含了幂律模型区。Ellis 模型可以预测零剪切黏度。但是，Ellis 模型不能预测极限剪切黏度，如图 5-9 所示。

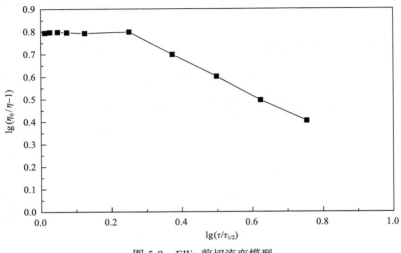

图 5-9　Ellis 剪切流变模型

4. Carreau 模型

Carreau 模型剪切黏度函数为

$$\eta = \eta_\infty + \frac{\eta_0 - \eta_\infty}{[1+(\lambda\dot{\gamma})^2]^{(n-1)/2}} \tag{5-20}$$

式中，η 为剪切速率下溶液的黏度，mPa·s；η_0 为零剪切黏度；η_∞ 为极限剪切黏度；$n-1$ 为 $\lg\eta_e$-$\lg\dot{\gamma}$ 关系在幂律区的斜率；λ 为溶液流变性从第一牛顿区向剪切变稀区转变的时间常数，第一牛顿区与幂律区直线的交点所对应的剪切速率约为 $1/\lambda$。可见式中参数的意义与 Cross 模型相同。模型如图 5-10 所示。

　　如果利用实验能够精确测定零剪切黏度，那么 Carreau 模型就能很好地拟合聚合物溶液的黏度数据。如果没有极限剪切黏度数据，Carreau 模型中极限剪切黏度可以近似等于溶剂的黏度。这个黏度公式，对绝大多数工程计算的黏度数据是相当满意的。但 Carreau 黏度公式在应用上不如幂律模型方便，因为模型参数在曲线回归的意义上是非线性的，而且不像幂律模型那样可借取对数化为线性形式。因此根据实验数据用 Carreau 模型拟合必须采用非线性最小二乘法，在计算机上进行。

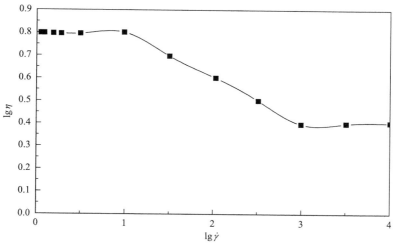

图 5-10 Carreau 剪切流变模型

5. Meter 模型

Meter 模型是四参数模型，该模型可反映高剪切区和低剪切区的极限黏度，当 τ 趋于零时，$\eta = \eta_0$，为第一牛顿区；当 τ 趋于无穷时，$\eta = \eta_\infty$，为第二牛顿区。其剪切黏度函数为

$$\eta = \eta_\infty + \frac{\eta_0 - \eta_\infty}{[1 + (\dot{\gamma} / \dot{\gamma}_{1/2})^2]^{(a-1)}} \tag{5-21}$$

从以上模型可以看出，除幂律模型外，其他几种模型都需要三个以上的参数，虽然它们能够反映更宽剪切速率范围内的黏度，但无疑增加了实验的计算难度。聚合物溶液在实际应用的较宽剪切速率范围内，表现出明显的假塑性或剪切稀释流变特征，因此幂律模型用途非常广泛。

在这些广义牛顿流体模型中，对于黏度与剪切速率关系的描述，又以 Cross 模型为最佳。

大多数聚合物在溶液中表现出非牛顿流体的特性，其中包括在小形变下的线性黏弹性和剪切流动大形变下的非线性流变特征。运用流变学测量得到溶液性质，对聚合物进行表征，能够提供有价值的驱油剂特性信息。

（二）聚合物体相流变评价技术

1. 聚合物溶液剪切流变评价技术

目前驱油用聚合物一般是聚丙烯酰胺类高分子聚合物，这类聚合物溶液的剪切流变曲线表现出非牛顿流体的流变特征，即黏度随着剪切速率的增加而逐渐变小。在测试过程中首先需要设定转子的剪切速率在一定的范围内，在温度达到设定温度并且稳定 2min 之后才能够测定聚合物的剪切流变曲线。

图 5-11 为常规驱油聚合物在盐水配制条件下的剪切流变曲线，由实验结果可知，常规聚合物溶液在剪切速率为 $0.01\sim300\text{s}^{-1}$ 的情况下流变特征符合幂律模型，并且幂律指数 $n<1$，为假塑性流体，聚合物的剪切流变曲线呈现明显的剪切稀释的特性，随着剪切速率进一步增加到 $300\sim400\text{s}^{-1}$，聚合物溶液的黏度趋于平稳，这主要是因为在剪切速率由低到高的过程中，聚合物分子无规则线团被破坏，分子链之间的缠绕被打破，分子在溶液中顺着流动的方向定向运移，聚合物溶液的黏度慢慢降低，当剪切速率达到一定程度之后，分子的取向达到最大，分子间的缠绕完全被打破，分子间产生的流动阻力达到最大，黏度降到最低，随着剪切速率进一步增大至大于 400s^{-1}，常规聚合物黏度出现了上翘，这主要是因为高剪切速率下，分子链间产生了强烈的缠绕和碰撞，使流动阻力增加，黏度大幅增加。

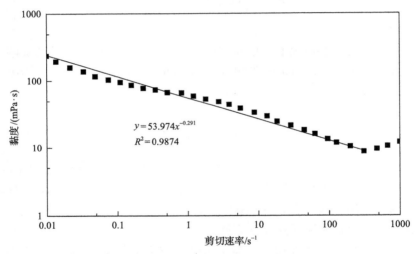

图 5-11　常规驱油聚合物的剪切流变曲线

图 5-12 为超高分缔合聚合物溶液在盐水配制条件下的剪切流变曲线，可以看出超高分缔合聚合物溶液和常规线性聚合物一样，也具有剪切稀释的特性，但在剪切速率由低到高的过程中，随着剪切速率的增加，幂律指数有一定的变化，当剪切速率为 $0.01\sim20\text{s}^{-1}$ 时，黏度下降的趋势较平缓，聚合物溶液牛顿性较强，非牛顿性较弱，表现为幂律指数较大，而在剪切速率大于 20s^{-1} 的范围内，黏度下降的趋势较大，聚合物溶液的非牛顿性较强，表现为幂律指数较小。因此，相对于常规的线性聚合物，由于超高分缔合聚合物中缔合单体的作用，聚合物的分子链在水溶液中的分散性更强。

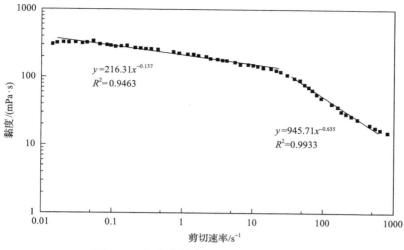

图 5-12　超高分缔合聚合物剪切流变曲线

2. 聚合物溶液动态黏弹性评价技术

聚合物溶液除了具有黏度之外，还具有黏弹性能，高黏弹性能够提高聚合物的微观驱油效率，因此如何准确测试聚合物溶液的黏弹性是评价聚合物驱油性能的重要内容。

聚合物的黏弹性测试分为动态黏弹性测试和稳态流变下的黏弹性测试，动态黏弹性指的是聚合物溶液在交变的应力或应变的作用下，表现出的力学响应规律，通过动态黏弹性的测试，可以获得聚合物溶液的黏性行为和弹性行为的信息，即可以同时研究聚合物溶液的黏弹性，由于聚合物溶液的动态黏弹性和稳态黏弹性之间有一定的关系，通过动态黏弹性的测量，可以沟通两者之间的联系。

动态黏弹性必须在聚合物溶液的线性黏弹性区域内进行，线性黏弹区域可限定为弹性模量 G' 恒定的振幅区域。若选用高振幅及随之产生的高应变和应力，就会偏离线性黏弹区域，那么用不同仪器和不同实验条件测试样品，得到的数据会有无法解释的偏差。在非线性条件下，样品被破坏到一定程度，分子或聚集体内部的瞬时键遭到破坏，产生了剪切稀释，施加的能量大部分变为热而不可逆地被损耗掉。因此，进行聚合物溶液的动态实验时，必须从应变振幅扫描开始，一般采用将频率固定于 1Hz 进行应变振幅扫描。

图 5-13 为某质量分数为 0.5%的驱油用聚合物的应变振幅扫描，由测试结果可知，在应变为 30%之内，驱油用聚合物的弹性模量数值基本不变，因此确定驱油聚合物溶液的线性黏弹区间为 $\dot{\gamma} \leqslant 30\%$。

在确定聚合物溶液的剪切应变之后，固定扫描频率为 1Hz，通过振荡模式测试聚合物溶液的黏弹模量。

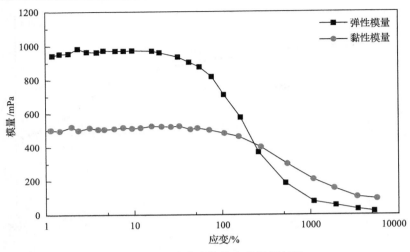

图 5-13　驱油聚合物的应变振幅扫描

由实验结果可知(图 5-14)，该驱油聚合物溶液总的复合模量大于 1000mPa，具有较高的黏弹模量。

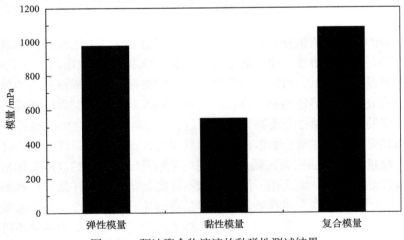

图 5-14　驱油聚合物溶液的黏弹性测试结果

对于常规的线性聚合物溶液，聚合物溶液的黏弹模量一般和聚合物的分子量成正比，分子量越高，一般来说聚合物溶液的黏弹模量越大。图 5-15 为分子量为 2000 万和 3000 万的 HPAM 的黏弹模量测试结果，可以得知，分子量 3000 万的 HPAM 相对于分子量为 2000 万的复合模量提高了 40%以上，因此提高分子量是提高聚合物黏弹模量的重要手段。

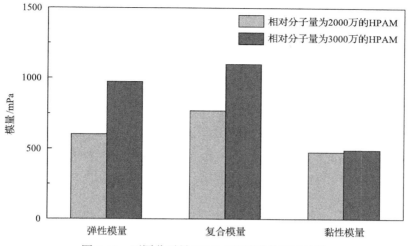

图 5-15　不同分子量 HPAM 的黏弹性测试结果

　　除了提高聚合物的分子量之外，在聚合物侧链引入疏水基团同样可以较大幅度地提高聚合物溶液的黏弹性。图 5-16 为常规线性聚合物和超高分缔合聚合物黏弹模量的对比，由结果可知，驱油聚合物在保持较高的分子量的同时，在常规的线性聚合物侧链引入疏水缔合单体，可以使聚合物的复合模量提高 40%以上。

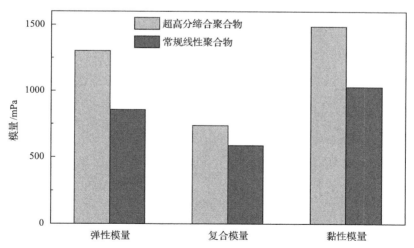

图 5-16　常规线性耐温抗盐聚合物和超高分缔合聚合物黏弹性对比

（三）聚合物溶液稳态流变下的黏弹性评价技术

　　聚合物溶液在稳态流变下受到旋转剪切作用的过程中，也会表现出弹性行为，即法向应力差效应。法向应力差值的大小是高分子流体弹性效应的量度，但是法向应力效应在牛顿流体中并不出现，它是黏弹性流体流动时弹性行为的主要表现，法向应力差分为第一法向应力差和第二法向应力差，由于驱油聚合物溶液第二法向应力差很小，因此目前对驱油用聚合物稳态流变下弹性的评价主要以第一法向应力差为主，第一法向应力差 N_1 定义为流动方向与速度梯度方向上应力的差值：

$$N_1 = \tau_{11} - \tau_{22}$$

甘油作为牛顿流体，它的第一法向应力差为 0，而常规的驱油用聚丙烯酰胺是非牛顿流体，因此具有法向应力差效应。目前通过流变仪可以直接测量聚合物溶液的第一法向应力差，但是需要选择合适的转子进行测量，通过锥板可以直接测量聚合物溶液的第一法向应力差，在测量之前首先设定不同的剪切速率，测试完成之后，通过专门的软件对测得的数据进行计算，得出不同剪切速率条件下聚合物溶液的第一法向应力差。

图 5-17 为某一常规驱油用部分水解聚丙烯酰胺溶液的第一法向应力差随剪切速率变化的曲线图。由实验结果可知，常规线性聚合物的第一法向应力差随着剪切速率呈对数函数增加。

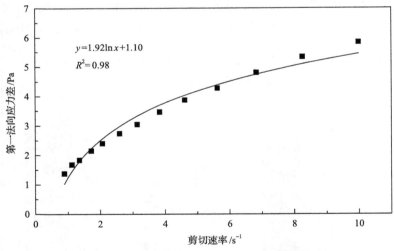

图 5-17　常规线性聚合物第一法向应力差和剪切速率变化关系

图 5-18 为常规线性聚合物和超高分耐温抗盐 HPAM 在盐水 85℃条件下第一法向应力差值的对比，可以看出，随着剪切速率的增加，两种聚合物的第一法向应力差值都呈对数函数增加，但超高分耐温抗盐聚合物第一法向应力差增加的幅度更快，表明加入耐温抗盐单体并进一步提高聚合物的分子量可以大幅度提高聚合物在稳态条件下的黏弹性，提高聚合物的驱油效率。

同时超高分缔合聚合物由于既保持了较高的分子量，又加入了一定的缔合单体，因此其第一法向应力差相对常规线性聚合物也有了大幅度的提高(图 5-19)。

　　与牛顿型流体不同，对于高分子的驱油用聚合物溶液，当插入其中的圆棒旋转时，没有因惯性作用而甩向容器壁附近，反而环绕在旋转棒附近，出现沿棒向上爬的"爬杆"现象，这种现象称为魏森贝格效应(图 5-20)，又称"包轴"现象[1]，出现这一现象的原因被归结为高分子液体是一种具有弹性的液体，在旋转流动时，具有弹性的大分子链会沿着圆周方向取向和出现拉伸形变，从而产生一种朝向轴心的压力，迫使液体沿着棒爬升。

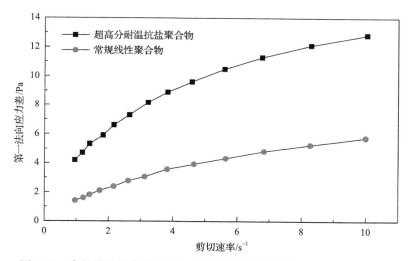

图 5-18　常规线性聚合物和超高分耐温抗盐聚合物第一法向应力差对比

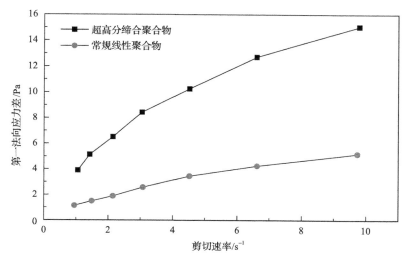

图 5-19　常规线性聚合物和超高分缔合聚合物第一法向应力差对比

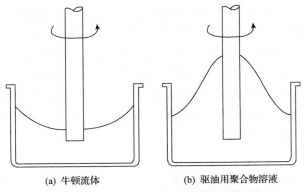

(a) 牛顿流体   (b) 驱油用聚合物溶液

图 5-20　驱油用聚丙烯酰胺溶液的魏森贝格效应

对聚合物溶液魏森贝格效应的描述可以用魏森贝格数表示，它是一个无量纲数，以 Wi 表示，它的定义为第一法向应力差与切应力的比值，即

$$Wi=\frac{N_1}{2\tau}$$

式中，第一法向应力差 N_1 为弹性量；剪切应力 τ 为黏性量，因此魏森贝格数 Wi 反映溶液弹性的相对大小。当 Wi 很大时，流动特征主要由第一法向应力差决定，即弹性起主要作用；当 Wi 很小时，流动特征主要由黏性力决定。通过 Wi 可知黏弹性流体在流动过程中弹性和黏性所起的作用。

目前魏森贝格数通过流变仪无法直接测量，但是可以首先通过流变仪测量不同剪切速率条件下聚合物溶液的第一法向应力差，同时可以得到不同剪切速率条件下的剪切应力值，二者相比即可得到溶液的魏森贝格数。

图 5-21 为某一常规线性耐温抗盐聚合物溶液的魏森贝格数随剪切速率变化的

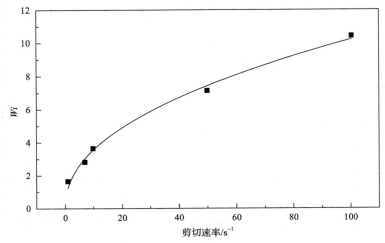

图 5-21　常规线性耐温抗盐聚合物魏森贝格数和剪切速率变化关系

曲线图。由实验结果可知，常规线性聚合物的魏森贝格数和剪切速率呈现幂律关系，随着剪切速率的增加，魏森贝格数呈指数关系增加。

图 5-22 为常规线性聚合物和超高分聚合物魏森贝格数的对比，可以看出，增大聚合物的分子量仍然是提高聚合物溶液魏森贝格数的最有效的方式。

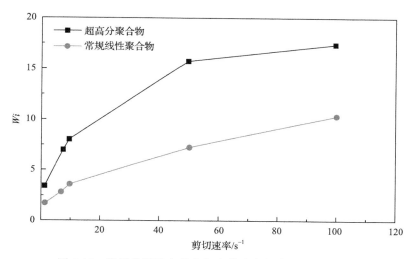

图 5-22　常规线性聚合物和超高分聚合物魏森贝格数对比

（四）聚合物溶液平均分子量及分子量分布定性评价技术

对于具有线性结构的聚合物溶液，通过频率扫描测试，确定储能模量 G' 和损耗模量 G'' 交点的频率及模量，可以对聚合物溶液的重均分子量和分子量分布做定性判断。储能模量 G' 和损耗模量 G'' 交点的频率的大小和线性聚合物溶液的重均分子量密切相关，一般来说，交点的频率越低，聚合物溶液的重均分子量越高，交点的模量越高，聚合物溶液的分子量分布越窄。

图 5-23 是两种常规线性驱油聚合物溶液的频率扫描特征曲线图，A1 和 A2 两种聚合物的储能模量 G' 和损耗模量 G'' 交点的频率和交点的模量如表 5-2 所示，由实验结果可知，A1 聚合物 G' 和 G'' 交点的角频率低于 A2，而模量高于 A2，表明 A1 聚合物的分子量高于 A2，且 A1 聚合物的分子量分布更窄，驱油性能更好。

对于超高分缔合聚合物溶液来说，由于缔合单体的加入，导致聚合物溶液分子链之间产生了交联，导致弹性模量大幅度提高，因此无论在低的频率还是高的频率范围，弹性模量一直高于黏性模量，弹性模量和黏性模量没有交点。

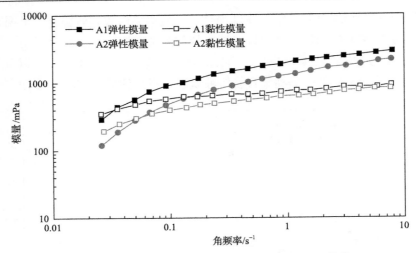

图 5-23　常规耐温抗盐线性聚合物频率扫描特征曲线

表 5-2　常规线性聚合物频率扫描特征曲线

聚合物	角频率/s⁻¹	模量/mPa
A1	0.034	407
A2	0.054	321

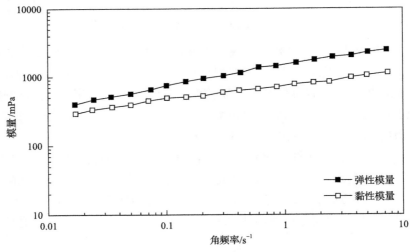

图 5-24　超高分缔合聚合物频率扫描特征曲线

二、界面流变性能评价技术

界面扩张流变性质是流体界面的重要性质之一，它与强化采油、乳化和破乳、萃取、抽提、洗涤等涉及界面的众多工业过程密切相关。由于界面扩张流变性质产生的基础是界面上或界面附近存在的微观弛豫过程，界面扩张性质的相关参数可以反映界面微观过程的信息，这对工业实践过程有重要的指导意义。

界面流变特征能直接用剪切、压缩/扩张方式测量出来。剪切黏弹性是一种对形变的阻抗，是对吸附层的机械力直接测量的结果。扩张流变性是通过测量膜的界面张力（表面压）的变化而得到的，界面黏弹模量定义为界面张力与界面面积相对变化的比值。有实验表明，对于同一单分子层而言，扩张的界面性质要比相应的剪切性质高出几个数量级。因此，扩张性质是流体力学和界面科学的一个重要参数[5]。本书针对的是界面扩张流变性。

仪器为法国 TECLIS 公司的 TRACKER 全自动液滴界面流变仪（图 5-25）。

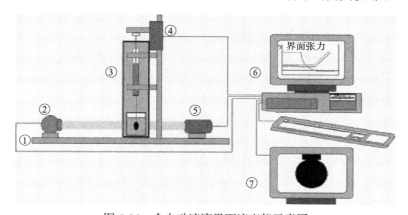

图 5-25　全自动液滴界面流变仪示意图

①仪器底座；②光源；③滴注入驱动装置；④控制马达；⑤CCD 摄像机；⑥计算机；⑦图像监视器

为了避免原油活性组分对测量过程中界面性质的影响，选用十二烷代替油相进行研究。将光源②、内装聚合物溶液的比色皿和 CCD 摄像机⑤呈一排放于仪器底座①上，调节装有滴注入驱动装置③和控制马达④形成液滴后，液滴剖面通过 CCD 摄像机数字转换到计算机⑥上，并计算和记录下任一时刻的滴面积、滴体积及界面张力。

TECLIS 公司的 TRACKER 扩张流变仪通过对悬挂气泡/液滴的振荡，利用滴外形分析方法测定表面/界面扩张流变性质。悬挂滴方法的气泡或液滴界面是完全新生成的，因此它具有 Langmuir 槽方法另一个不可比拟的优势，可以同时测量动态界面张力和动态扩张性质。

实验温度控制在 30.0℃±0.1℃，油相为十二烷（分析纯），水相为不同浓度的聚合物溶液。从气泡/液滴形成即开始在 0.02Hz 工作频率下测定动态的扩张性质；当界面上吸附膜达到平衡状态时，再进行 0.1Hz 下的扩张性质和张力弛豫实验。通过实验获得以下数据。

(1)动态界面张力。

(2)动态界面扩张模量、相角、弹性和黏性。

(3)不同频率条件下的平衡界面扩张模量、相角、弹性和黏性。

(4)弛豫过程的特征参数。

当表面活性物质形成的界面膜受到压缩或扩张形变时，局部表面积的变化将导致局部界面张力的变化，从而形成界面张力梯度，以对抗所受到的形变。表面活性物质的这种对抗形变的能力可以用界面扩张模量来描述，其微观作用机理是发生在界面附近和界面上的多种弛豫过程，如界面与体相间的扩散弛豫、分子内弛豫、胶团破裂的弛豫等，这些弛豫过程导致界面膜具有一定的黏性。

铺展膜(不溶膜)以弹性为主，而吸附膜(可溶膜)由于存在表面活性物质在体相与界面间的扩散交换这一微观弛豫过程，则表现出黏弹特性。界面扩张弹性主要由界面膜遭受形变时产生的界面张力梯度大小决定，而界面张力梯度的大小与表面活性物质在体相和界面间的交换速度直接相关：交换速度越快，界面张力梯度越小，弹性越小。界面扩张黏性则与界面附近及界面上各种微观弛豫过程的特征时间密切相关。

三、拉伸流变性能评价技术

驱油用聚合物溶液流变性的重要程度显而易见。当聚合物溶液在孔隙中流动时，在喉道入口处，聚合物溶液既有拉伸流动，又有剪切流动，在液流中心部位的拉伸流动最快。在喉道中间，聚合物溶液主要受剪切力的影响，在液流中心部位也存在一些拉伸流动特性。在喉道出口处，聚合物溶液主要表现出拉伸流动的特性。因此聚合物溶液在孔隙中流动时，表现出黏性和弹性。早期的聚合物驱油机理认为聚合物的作用是通过增加驱替液流体黏度，降低水油流度比，增大波及体积，从而达到提高原油采收率的目的。张宏方等[6]研究提出聚合物驱不仅可以提高波及系数，还可以提高水波及域内的驱油效率。提高驱油效率的机理表现为：①本体黏度可以改善水油流度比，扩大波及体积；②油水界面黏度是聚合物溶液驱替膜状、孤岛状残余油的主要原因；③拉伸黏度使聚合物溶液存在弹性，是驱替盲端残余油及提高地下聚合物有效黏度的主要原因。聚合物溶液具有剪切变稀的流变特性，然而高分子溶液的拉伸黏度随拉伸应力的变化，比其剪切黏度随剪切应力的变化显示出复杂得多的性质。拉伸黏度是黏弹性流体的一项重要的评价参数，拉伸流变能够更客观地反映溶液中聚合物分子存在状态及作用大小，同时反映溶液的弹性强弱，而溶液弹性强弱直接影响其在多孔介质中的运移情况。通过拉伸流变性能测试可以更全面地了解聚合物溶液的性能，为微观驱油机理提供解释，为油田用聚合物的筛选、质量控制、新型聚合物开发提供技术指导，可用于适合Ⅲ类油藏条件的功能型聚合物的筛选，降低现场实施风险。

目前尚无一种恰当的理论，能够预言拉伸黏度的变化规律，故只能通过实验来测定。相对于剪切流变参数而言，测量拉伸流变参数难度要大很多，一方面是因为难以得到维持稳定的拉伸流动状态；另一方面，最重要的参数并非流体的稳态拉伸黏度，而是它的瞬态拉伸黏度。同时，在拉伸流变参数的测量过程中，还常常受到多种因素的干扰，使测量失去准确性。CaBER1拉伸流变仪是由剑桥聚合物研究小组专为低中黏度流体设计的，由热电(Karlsruhe)公司制造生产，该仪器是目前唯一工业化的适合于中低黏度流体的拉伸流变仪，它的主要工作部件包括激光测微仪、线性马达和上下测量板，依据单轴拉伸模型为基础，在上下测量板中间加入一定体积聚合物溶液，通过仪器的线性马达迅速把上测量板提升到一定高度，这样上下测量板中间就形成了一条液体丝线，然后通过激光测微仪测量液体丝线中间直径大小随时间的变化，就可以得到 $D_{mid}(t)$ -t 曲线。由 $D_{mid}(t)$ -t 曲线的形状就可以初步判定所测流体是牛顿流体还是黏弹流体，见图 5-26。例如，牛顿流体在拉伸应力作用下主要通过克服分子间的内摩擦力使丝线均匀快速地变细直至断裂，一般丝线的拉断时间较短。而对于黏弹性流体，由于分子间存在相互作用，在一定的拉伸应力作用下，不仅要克服分子间的内摩擦力，而且还要克服分子间相互作用力，因此丝线会逐渐变细直至断裂，丝线的拉断时间长。

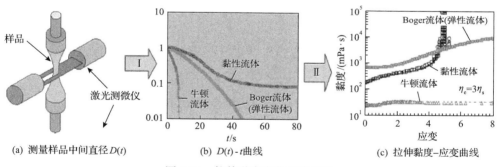

(a) 测量样品中间直径 $D(t)$ (b) $D(t)$ -t 曲线   (c) 拉伸黏度–应变曲线

图 5-26 拉伸黏度变化规律实验

因为拉出的液体丝线主要是在毛细管压力的作用下逐渐变细直至断裂的，所以在聚合物溶液的表面张力(σ)及 $D_{mid}(t)$ -t 曲线已知的情况下，通过式(5-22)～式(5-24)就可算出聚合物的拉伸应变、拉伸应变速率及拉伸黏度值等参数：

$$\varepsilon(t) = 2\ln\left[D_0/D_{mid}(t)\right] \tag{5-22}$$

$$\dot{\varepsilon}(t) = -\frac{2}{D_{mid}(t)}\frac{dD_{mid}(t)}{dt} \tag{5-23}$$

$$\eta_E(\varepsilon) = \frac{2\sigma/D_{mid}(t)}{\dot{\varepsilon}(t)} \tag{5-24}$$

为了使所测数据更完整，通过仪器软件中提供的 Maxwell 黏弹性流体模型对上述 $D_{mid}(t)$ 数据进行拟合处理，见式(5-24)，就可以得到较光滑的拉伸黏度与拉伸应变之间的关系曲线，同时模型还计算出了液体丝线的应力松弛时间 (λ_c) 的数据，便于了解不同聚合物拉伸流变性能的比较。

$$D_{mid}(t)=D_0\left(GD_0/\sigma\right)^{1/3}\exp\left(-t/3\lambda_c\right) \tag{5-25}$$

聚合物的拉伸黏度越大，对应的松弛时间、实验断裂时间、相对断裂时间和计算断裂时间越大，对应的应变速率越小。聚合物分子量越高，分子间越易发生缠结，使其水动力学尺寸增大，剪切表观黏度也就越大。涉及破坏溶液中聚合物网状结构的拉伸流变测试时，聚合物分子间作用力更强、网状结构更牢固，其拉伸黏度就越大，弹性越强。

第三节　物理模拟评价技术

一、多孔介质渗流规律及特征评价

聚合物作为驱油剂在油层岩石流动过程中，由于其黏滞性表现出在多孔介质中的流动阻力通常用阻力系数和残余阻力系数表示，其是描述溶液流度控制和降低渗透率能力的重要指标[7]。

阻力系数是指聚合物溶液降低水油流度比的能力，它是水的流度与聚合物溶液流度的比值，用 R_f 表示，即

$$R_f=\lambda_w/\lambda_p=(K_w/K_p)\times(\mu_p/\mu_w) \text{ 或者 } R_f=(\Delta P_p/\Delta P_w)\times(v_w/v_p) \tag{5-26}$$

式中，λ_w 为水流度；λ_p 为聚合物溶液流度；K_w 为水相渗透率；K_p 为聚合物溶液相渗透率；μ_w 为水相黏度；μ_p 为聚合物溶液相黏度；ΔP_p 为聚合物驱压差；ΔP_w 为水驱压差；v_w 为水相流速；v_p 为聚合物溶液相流速。

残余阻力系数是描述聚合物溶液降低渗透率的能力，它是聚合物驱前后岩石水相渗透率的比值，也可表示为水的初始渗透率与注入聚合物后水渗透率之比，即渗透率下降系数，用 R_{rf} 表示，即

$$R_{rf}=K_{w1}/K_{w2}=(\Delta P_{w2}/\Delta P_{w1})\times(v_{w1}/v_{w2}) \tag{5-27}$$

式中，K_{w1} 为聚合物驱前水相渗透率；K_{w2} 为聚合物驱后水相渗透率；ΔP_{w1} 为聚合物驱前水驱压差；ΔP_{w2} 为聚合物驱后水驱压差；v_{w1} 为聚合物驱前水相流速；v_{w2} 为聚合物驱后水相流速。

阻力系数与残余阻力系数之间的关系为

$$R_f = (\mu_p/\mu_w) R_{rf} \tag{5-28}$$

影响阻力系数和残余阻力系数的主要因素有：①聚合物浓度。随聚合物浓度的增加，起初残余阻力系数急剧增加，而后逐渐变慢，阻力系数随浓度的增加而增加，且越来越快。②残余阻力系数随渗透率的降低而增大，阻力系数随渗透率的增加而下降，且下降速度越来越慢，直到随渗透率的增加而上升。③随矿化度的增加，二者起初急剧下降，后来渐趋稳定。④随注入速度的增加，二者均增加。⑤分子量增加，二者均增加。⑥温度升高，二者均下降。还有许多影响因素，如岩石的孔隙结构、矿物组成、聚合物类型、阴离子含量及 pH 等[8]。

聚合物溶液的阻力系数反映了聚合物溶液在岩石孔隙介质流动过程中流度的变化，R_f 值越高，表明聚合物改善油/水流度比的能力越强；残余阻力系数则反映了聚合物溶液在岩石孔隙介质流动过程中对岩石渗透率造成的永久损失，同时，也反映了聚合物溶液的调整吸水剖面的能力，R_{rf} 值越高，表明聚合物溶液改善油层非均质性、堵塞高渗透层的能力越强。阻力系数及残余阻力系数要求在稳定条件(压力和流速均恒定)下，记录多孔介质两端的压差和流经多孔介质的流量。实验岩心可以采用标准岩心或取实际岩心制作模型进行实验[9]。

在胜利油田Ⅲ类油藏条件下(温度 85℃，矿化度 32868mg/L)，对比了不同类型的聚合物的阻力系数与残余阻力系数，见表 5-3，属于耐温抗盐的 1#、2#、3# 聚合物的阻力系数与残余阻力系数明显高于Ⅱ类常规聚合物，说明在胜利油田Ⅲ类油藏条件下，1#、2#、3#聚合物具有更好的应用优势。

表 5-3　不同类型聚合物阻力系数与残余阻力系数对比

样品	阻力系数 R_f	残余阻力系数 R_{rf}	聚合物类型
1#	21.7	4.2	缔合聚合物
2#	11.9	5.0	超高分聚合物
3#	6.3	3.5	梳型聚合物
4#	2.3	1.1	Ⅱ类常规聚合物

二、驱油性能评价技术

驱油性能评价是室内评价聚合物驱的一个非常重要的环节。任何一种聚合物，室内评价的物性参数再好，也要进行物理模拟实验。为了验证与油藏岩心的配伍性、提高采收率程度及估算经济数据等，针对室内筛选出的聚合物，要进行不同注入浓度、注入段塞、注入时机的驱油实验，优选出合适的注入方案。这些实验必须以一个确定的方式进行，具有良好的可重复性，进行实验时应该仔细斟酌考虑所用原油和孔隙介质。

（一）测定过程

（1）原油。

所用原油应该完全脱水。加入与原油中原来低沸点组分相类似的溶剂，让油的黏度达到实验所要求的数值，即油藏条件下原油的黏度。这种方法的优点是驱替实验可以在常压下进行，而不必采用高压容器和重新混合天然气。这种模拟油只能用于聚合物驱替实验，此时油的黏度是最重要的因素。油的组分对驱替实验非常重要，如表面活性剂或二氧化碳驱，就不能使用这种模拟油。

（2）孔隙介质。

孔隙介质一般是油藏岩石或与油藏岩石性质相差不多的岩石。但对于一个特定参数的系列实验，天然岩石不具备驱替实验对岩心的重复性要求。可用柠檬酸或盐酸预洗的方法除掉许多岩石中可移动的微粒或天然露头岩石中常见的铁类物质。

（3）饱和水。

在填砂模型或岩心饱和水时，岩心（填砂模型）需很好地抽空，施加真空的负压彻底地抽空岩心。

（4）饱和油。

用油饱和岩心时，应该驱替几倍孔隙体积的液体，直到无水被驱出为止。用物质平衡法确定油的饱和度，此时必须考虑管线及阀门等死体积。驱替速度对饱和过程十分重要，要想重复性好，就应该采用相同的速度。

（5）驱替实验。

在开始注入聚合物之前，一般要进行水驱，直到达到一个规定的含水百分数。由这样的实验可以外推水驱的最终采收率，这样就可以计算聚合物驱增加的采收率。

（二）驱油性能评价应用

室内驱油实验用洗净的石英砂制成管式模型，实验用水为矿化度 10486mg/L 陈 25 区块模拟水，注入聚合物为山东宝莫生物化工股份有限公司生产的聚合物，实验温度 70℃，固定渗透率极差为 1：5，注入孔隙体积为 0.3PV，考查聚合物注入浓度对提高采收率的影响。从表 5-4 中可以看出，随着注入聚合物溶液浓度的增加，提高采收率幅度递增，注入浓度高于 2000mg/L 时，增加采收率幅度增加不大。从图 5-27 与图 5-28 中可以看出，注聚后出现明显的含水漏斗，同时高管分流量降低，低管分流量增加，说明注聚起到明显的降水增油效果。

表 5-4 聚合物注入浓度对提高采收率的影响

编号	注入浓度/(mg/L)	聚合物黏度/(mPa·s)	渗透率/μm²	提高采收率/%
Ⅰ	1000	9.4	1511 4578	15.7
Ⅱ	2000	37	1577 4544	23.9
Ⅲ	3000	95.4	1539 4559	25.8

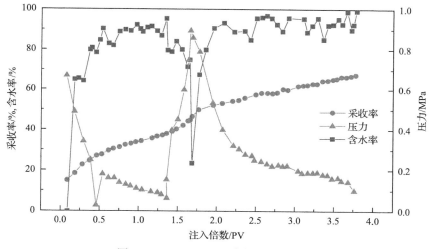

图 5-27 2000mg/L 聚合物双管驱替图

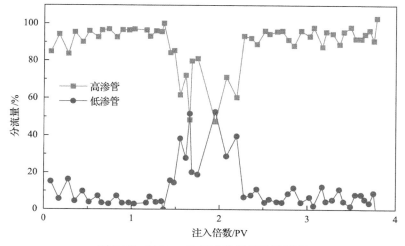

图 5-28 2000mg/L 聚合物双管分流量图

三、微观可视评价技术

微观可视评价技术是通过微观物理模型上的微观驱油实验来研究水驱油的微观驱油机理的，实验过程的图像既可以通过图像分析系统录入到计算机中对结果进行计算，又可以对实验过程进行录像后进行动态分析。通过这些图像的定性分析和定量计算，可以详细了解水驱油及其他各种驱油方式不同条件下的微观渗流机理、水驱剩余油特征及驱替效果，从而为油田注水开发和三次采油研究提供重要参考。

(一)评价装置组成及原理

透明微观物理模型置于带有底光源模型夹持器上；中间容器内的注入液进入微量泵后，微量泵以一定的流量注入微观物理模型；摄像机连续实时记录的影像被数据采集系统输入计算机系统保存处理，计算机系统同时也对评价系统参数进行控制，见图 5-29。

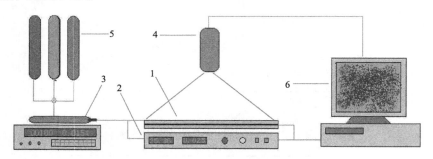

图 5-29　微观可视化评价装置

1-微观物理模型；2-带有底光源的模型夹持器；3-微量泵；4-摄像机；5-中间容器；6-计算机系统

(二)微观物理模型分类

目前常用的微观物理模型可以分为两大类：一类为光-化学刻蚀微观模型，另一类为铺砂微观模型。光-化学刻蚀微观模型的制作采用了光刻技术，可以较好地模拟地层孔喉的形状与分布，是目前较有经济和技术条件的单位进行物理模拟驱替采用的一种实验研究手段。由于该物理模型采用光刻技术制作，其制作成本及难度和对制作设备的要求均较高，所以需由专业人员和专用设备制作，见图 5-30。铺砂微观模型是用环氧树脂将特定粒径的石英砂胶结到无机玻璃板上制得的，见图 5-31，对地层的模拟程度不如前者，但模型可以根据需要进行多样的设计，品种类型多样，且对制作设备和人员要求不高。

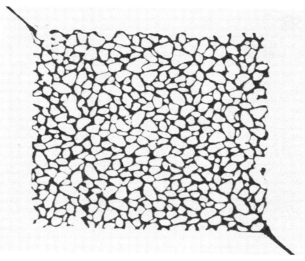

图 5-30   光-化学刻蚀微观模型

图 5-31   铺砂微观模型

(三)微观可视评价技术应用

1. 光-化学刻蚀微观模型应用

在聚合物驱后油藏条件下，利用室内建立的均质微观驱油模型对比考查了聚合物驱、聚合物驱后二元复合驱、聚合物驱后预交联凝胶(PPG)驱三种体系的微观驱油特征，结果见图 5-32～图 5-34。

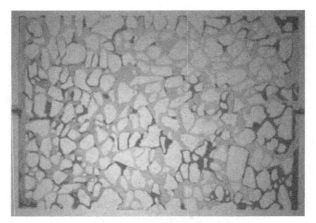

图 5-32　聚合物驱剩余油分布

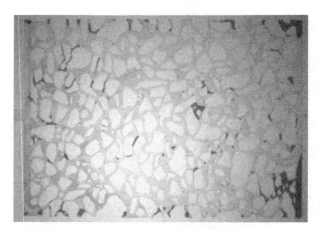

图 5-33　聚合物驱后二元复合驱剩余油分布

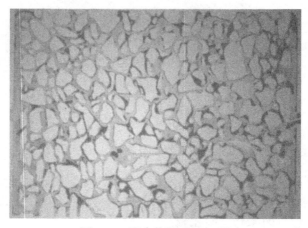

图 5-34　聚合物驱后 PPG 驱

由图 5-32～图 5-34 看出，聚合物驱后岩心中仍滞留部分残余油未被驱出，聚合物驱后二元复合驱能够明显提高对剩余油的洗油效率，岩心中可流动油几乎被全部驱出，聚合物驱后提高采收率高达 21.5%，可见二元复合驱洗油能力最强，而对于聚合物波及不到的区域进一步改善波及的能力较差；PPG 驱对聚合物驱形成的各条通道进行了不同程度的堵塞，重新形成自己的水线推进线路，几乎波及了整个模型，对优势通道具有明显堵塞作用，使得驱替水进入被优势通道屏蔽的小孔道，并且对小孔道驱替效果明显，能够使剩余油重新分布，改善岩心非均质状况，使得原来聚驱残留的未波及剩余油成为可动油，但可能在其他位置重新驻留。由于 PPG 驱油的洗油能力有限，仅提高采收率 7.71%，明显低于二元复合驱。

2. 铺砂微观模型应用

室内采用铺砂微观模型模拟存在高渗条带油藏，考查 TDJ 堵剂封堵高渗层的性能，结果见图 5-35～图 5-37。

由实验结果可知，前期水驱时注入水沿高渗带突进后进入油井，波及面积较小，该阶段采收率仅为 8.3%。将 TDJ 堵剂注入封堵位置，然后进行后续水驱，后续注入水的波及范围开始扩展至低渗带，有较为明显的液流转向，采收率开始上升，最终采收率达到 36%，说明 TDJ 堵剂具有较好的封堵高渗层的性能，实现了液流转向、提高后期水驱波及系数的目的。

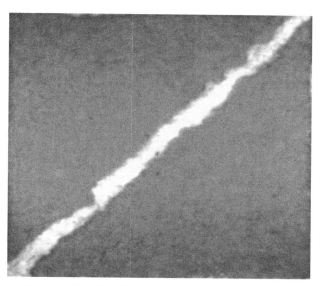

图 5-35　铺砂微观模型模拟存在高渗条带油藏的水驱

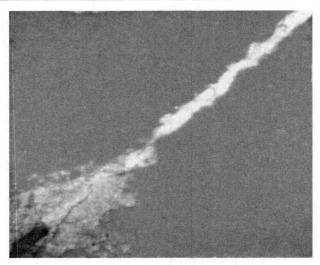

图 5-36　注入 TDJ 堵剂后的铺砂微观模型

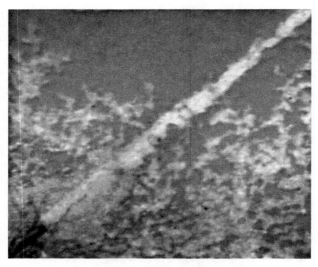

图 5-37　后续水驱结束后的铺砂微观模型

第四节　热失重分析技术

一、热失重分析技术的介绍

差热分析(differential thermal analysis，DTA)、差示扫描量热分析(differential scanning calorimetry，DSC)、热重分析(thermogravimetry，TG)和热机械分析(thermomechanical analysis，TMA)是热分析的四大支柱，用于研究物质的晶型转

变、融化、升华、吸附等物理现象以及脱水、分解、氧化、还原等化学现象。它们能快速提供被研究物质的热稳定性、热分解产物、热变化过程的焓变、各种类型的相变点、玻璃化温度、软化点、比热容、纯度、爆破温度等数据，以及高聚物的表征和结构性能研究，也是进行相平衡研究和化学动力学过程研究的常用手段。

热重分析就是在程序控制温度下测量获得物质的质量与温度关系的一种技术。其特点是定量性强，能准确地测量物质的质量变化及变化的速率。目前，热重分析法广泛地应用在化学以及与化学有关的各个领域中，在冶金学、漆料及油墨科学、陶瓷学、食品工艺学、无机化学、有机化学、聚合物科学、生物化学及地球化学等学科中都发挥着重要的作用。通过检测样品的热物理性质随温度或时间的变化，可以得到物质的分子结构、聚集态结构、分子运动的变化等。

(一)热重分析法的类型

热重分析法包括静态法和动态法两种类型。

静态法又分等压质量变化测定法和等温质量变化测定法两种。等压质量变化测定又称自发气氛热重分析，是在程序控制温度下，测量物质在恒定挥发物分压下平衡质量与温度关系的一种方法。该法利用试样分解的挥发产物所形成的气体作为气氛，并控制在恒定的大气压下测量质量随温度的变化，其特点就是可减少热分解过程中氧化过程的干扰。等温质量变化测定是指在恒温条件下测量物质质量与温度关系的一种方法。该法每隔一定温度间隔将物质恒温至恒重，记录恒温恒重关系曲线。该法准确度高，能记录微小失重，但比较费时。

动态法又称非等温热重法，分为热重分析和微商热重分析(derivative thermogravimetry，DTG)。热重分析和微商热重分析都是在程序升温的情况下，测定物质质量变化与温度的关系。微商热重分析又称导数热重分析，它是一种记录热重曲线对温度或时间的一阶导数的分析方法。动态非等温热重分析和微商热重分析简便实用，又利于与差热分析、差分扫描量热分析等技术联用，因此广泛地应用在热分析技术中。

(二)热重曲线

热重分析得到的是程序控制温度下物质质量与温度关系的曲线，即热重曲线，横坐标为温度或时间，纵坐标为质量，也可用失重百分数等其他形式表示。

由于试样质量变化的实际过程不是在某一温度下同时发生并瞬间完成的，因此热重曲线的形状不呈直角台阶状，而是形成带有过渡和倾斜区段的曲线。曲线的水平部分(即平台)表示质量是恒定的，曲线斜率发生变化的部分表示质量的变化。因此从热重曲线还可求算出微商热重曲线，热重分析仪若附带有微分线路就可同时记录热重和微商热重曲线。

微商热重曲线的纵坐标为质量随时间的变化率，横坐标为温度或时间。微商热重曲线在形貌上与差热或差热扫描量热曲线相似，但微商热重曲线表明的是质量变化速率，峰的起止点对应热重曲线台阶的起止点，峰的数目和热重曲线的台阶数相等，峰位为失重(或增重)速率的最大值，即它与热重曲线的拐点相应。峰面积与失重量成正比，因此可从微商热重的峰面积算出失重量。虽然微商热重曲线与热重曲线所能提供的信息是相同的，但微商热重曲线能清楚地反映出起始反应温度、达到最大反应速率的温度和反应终止温度，而且提高了分辨两个或多个相继发生的质量变化过程的能力。由于在某一温度下微商热重曲线的峰高直接等于该温度下的反应速率，因此，这些值可方便地用于化学反应动力学的计算。

二、热失重分析技术的原理

聚合物在加热过程中除了产生热效应外，往往有质量变化，其质量变化的大小及出现的温度与聚合物的化学组成和结构密切相关。因此利用在加热过程中聚合物质量变化的特点，得到程序控制温度下聚合物的质量与温度关系的曲线，即热重曲线，可以区别和鉴定不同的聚合物的结构。

聚合物的热失重曲线是通过热失重分析仪 TGAQ500 得到的(图 5-38)，首先选取待分析的驱油聚合物；然后对该聚合物进行筛分，筛分出目数相同的聚合物；选出的聚合物放在热失重分析仪 TGAQ500 的托盘天平上；设定热失重分析的程序，对聚合物进行加热，并精确记录聚合物的质量和温度的关系；当加热结束时，利用热失重分析软件分析该聚合物的热失重曲线，得到不同温度条件下聚合物的热失重微分曲线；根据得到的热失重微分曲线，对聚合物进行质量控制。

图 5-38　热失重分析仪 TGAQ500

对于常规 HPAM，热失重曲线一般分为以下三个区。

（1）Ⅰ区：80～200℃范围内，主要为聚合物中的水分及不稳定添加剂的失重峰。

（2）Ⅱ区：200～300℃范围内，主要为聚合物侧基发生热降解。

（3）Ⅲ区：温度＞300℃，主要为亚酰胺基的分解和主碳链的降解。

热失重曲线是与聚合物的合成条件、合成方法及所含功能单体是相关的，因此，通过热重曲线可考查聚合物的热稳定性、分析聚合物产品的纯度、类型和结构变化，进而对聚合物质量进行有效控制。常规 HPAM 的热失重微分曲线见图 5-39。

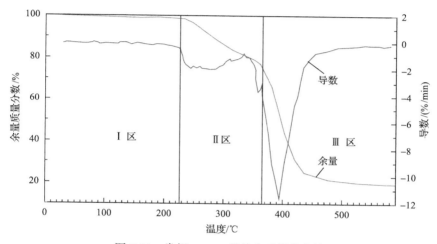

图 5-39　常规 HPAM 的热失重微分曲线

三、热失重分析技术的应用

（一）利用热重分析技术及时发现聚合物的质量问题

由于常规的驱油聚合物有三个明显的热失重峰，因此通过对现场要用的聚合物进行热失重分析，可以及时发现有质量问题的聚合物。

由表 5-5 可知，三种聚合物表观黏度基本相当，但进一步从三个聚合物的热失重微分曲线图得知（图 5-40），A1、A3 都有三个热失重峰，因此都属于常规驱油用聚合物，而 A2 聚合物由于只存在两个失重峰，且两个失重峰的失重速度都和驱油聚合物相差较多，同时进一步对三种聚合物的热失重曲线进行分析发现（图 5-41），A2 聚合物加热至 500℃以后质量保留率仍达到 75%以上，而其他两种聚合物的质量保留率都在 20%以下，表明 A2 聚合物中混入了一定的无机物，导致其在高温条件下没有分解，所以 A2 聚合物存在一定的质量问题，不属于驱油用聚合物。

表 5-5 三种抽检聚合物表观黏度分析

聚合物	表观黏度/(mPa·s)
A1	23.5
A2	22.3
A3	25.4

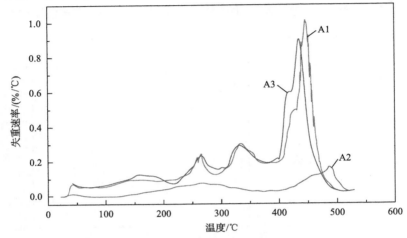

图 5-40 三种抽检聚合物热失重微分曲线对比

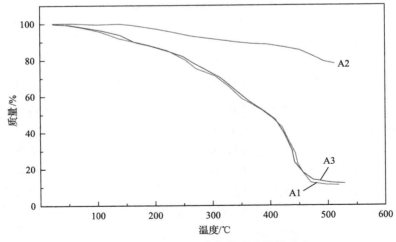

图 5-41 三种抽检聚合物热失重曲线对比

(二)利用热重分析技术对现场用不同批次聚合物进行质量控制

利用热失重分析技术,通过对比同一厂家不同批次聚合物热失重微分曲线的重合度，可以判断聚合物结构和质量的稳定性。

　　由图 5-42 和图 5-43 可知：不同批次的 C1 聚合物热失重微分曲线基本重合，表明该聚合物合成工艺稳定，结构和质量稳定，从表 5-6 中不同批次的 C1 聚合物的基本物化性能也可以得出，C1 聚合物各项物理化学性能都比较稳定。而对于 C2 聚合物，2010/1/26 和 2011/7/14 两个批次聚合物热失重微分曲线重合性较好，表明这两个批次的聚合物结构和质量比较稳定，而 2009/6/30 批次的聚合物热失重曲线和其他两个批次的热失重曲线差别较大，表明该批次的聚合物结构和质量相对于

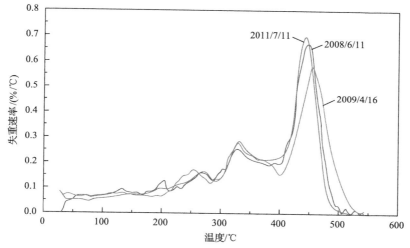

图 5-42　现场用不同批次聚合物 C1 热失重微分曲线对比

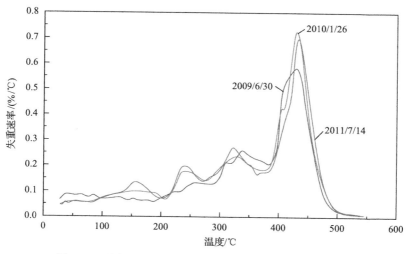

图 5-43　现场用不同批次聚合物 C2 热失重微分曲线对比

表 5-6　C1 不同批次聚合物基本物理化学性能

C1 聚合物批次	特性黏数/(mL/g)	黏度/(mPa·s)	水解度/%
2008/6/11	2890	13.4	20.9
2009/4/16	2794	12.9	20.3
2011/7/11	2829	13.1	21

表 5-7　C2 不同批次聚合物基本物理化学性能

C2 聚合物批次	特性黏数/(mL/g)	黏度/(mPa·s)	水解度/%
2009/6/30	2481	11	21.7
2010/1/26	2349	12.5	16.7
2011/7/14	2321	12.8	17.2

其他的批次不稳定,从表 5-7 中不同批次的 C2 聚合物基本物化性能的对比也证实了这个结果。

（三）利用热重分析技术对新型驱油聚合物结构进行表征和分析

由于化学驱油藏条件越来越恶劣,对聚合物性能的要求也越来越高,所以目前聚合物在合成过程中会引入一些耐温抗盐单体和缔合单体来提高聚合物的增黏能力,对于这些新型的聚合物只通过黏度的对比无法区分它们结构上的差别,而通过热失重曲线的对比,可以发现聚合物结构方面的差别。

由图 5-44 可知,三种新型耐温抗盐聚合物中,PAM1 和 PAM5 热失重曲线基本相当,表明这两种聚合物结构相同,而 PAM6 聚合物和其他两种聚合物的热失

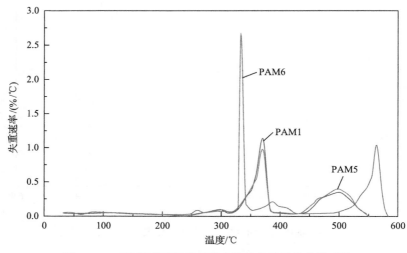

图 5-44　三种新型耐温抗盐聚合物热失重微分曲线对比

重曲线差别较大，表明该聚合物结构和其他聚合物有一定差别。

（四）利用热重分析技术判断聚合物中的添加剂

聚合物在合成过程中，有些厂家会加入一些小分子的添加剂以改善聚合物的溶解性或增加聚合物的黏度，加入的这些添加剂可能会对聚合物的热稳定性有一定的影响，因此需要判断聚合物中是否含有添加剂，而由于小分子的添加剂在200℃之前的加热过程中会有一定的失重峰，因此通过失重峰的判断可以得到聚合物在合成过程中是否加入了小分子的添加剂。

由图 5-45 可知，在 200℃之前，B1 聚合物和 B2 聚合物相比，有明显的失重峰，表明 B1 聚合物在合成过程中加入了小分子的添加剂，因此对于 B1 聚合物在考查完其基本物理化学性能后，还需要进一步考查其热稳定性，以此判断加入的小分子的添加剂是否会对其热稳定性产生影响。

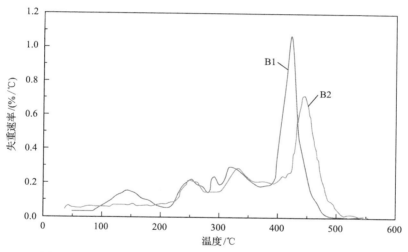

图 5-45　含有小分子和不含小分子聚合物热失重微分曲线对比

（五）利用热重分析技术判断聚合物的热稳定性

通过热失重微分曲线中聚合物的失重峰的失重温度的变化，可以判断聚合物的热稳定性，从而快速准确地得到聚合物结构的稳定性。

由图 5-46 可知，新型耐温抗盐聚合物 PAM1 的失重峰相对于常规的 B2 聚合物明显右移，表明该聚合物通过改变结构，引入耐温抗盐单体，以提高其热稳定。

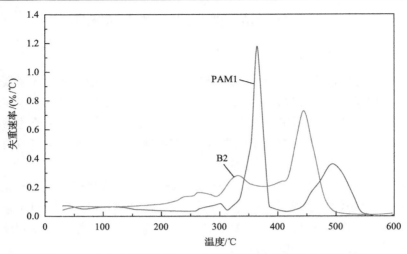

图 5-46　含有小分子和不含小分子聚合物热失重微分曲线对比

第五节　冷冻蚀刻扫描电镜评价技术

一、扫描电镜的原理

　　扫描电镜是对样品表面形态进行测试的一种大型仪器。当具有一定能量的入射电子束轰击样品表面时，电子与元素的原子核及外层电子发生单次或多次弹性与非弹性碰撞，一些电子被反射出样品表面，而其余的电子则渗入样品中，逐渐失去其动能，最后停止运动，并被样品吸收。在此过程中有 99%以上的入射电子能量转变成样品热能，而其余约 1%的入射电子能量从样品中激发出各种信号，这些信号主要包括二次电子、背散射电子、吸收电子、透射电子、俄歇电子、电子电动势、阴极发光、X 射线等。扫描电镜设备通过这些信号即可获得关于样品的表面形貌、组成及结构等信息，从而对样品进行分析[9]。

　　驱油用聚合物在水溶液中存在分子间的相互缠绕，因此会形成一定的网络结构。其相互缠绕的程度和网络结构的致密程度与聚合物的驱油性能密切相关。因此需要对聚合物在水溶液中的微观形貌进行观察和分析，通过其微观形貌的分析结果反过来指导驱油聚合物的合成。

　　常规扫描电镜无法直接观察驱油聚合物水溶液的微观结构，因为在高真空条件下，聚合物水溶液中的水分会迅速挥发，使聚合物溶液的结构坍塌，影响聚合物溶液微观形貌的观察。因此在观测过程中如何一直保持聚合物在水溶液中的结构成为正确认识聚合物在水溶液中聚集状态的关键。目前最好的方法是通过冷冻蚀刻和扫描电镜相结合，对聚合物溶液的微观形貌进行观察。

二、冷冻蚀刻扫描电镜介绍

冷冻蚀刻（freezeetching）技术是从 20 世纪 50 年代开始发展起来的一种将断裂和复型相结合的制备电镜样品的技术。冷冻蚀刻技术是利用液氮（−190℃）对聚合物溶液进行瞬时冷冻，保持聚合物微观形貌，再利用高分辨率的扫描电镜对聚合物的微观结构进行观察和分析。通过这种技术可以准确地反映聚合物在水溶液中的微观结构。

通过冷冻蚀刻扫描电镜（图 5-47）可以观察聚合物在水溶液中形成的网络聚集体。网络结构的大小和聚合物的类型、浓度、所含的功能单体及含量是密切相关的，因此通过冷冻蚀刻扫描电镜技术可以指导聚合物的合成。除此之外，它还能够观察聚合物-表面活性剂二元体系的微观结构，进而分析聚合物-表面活性剂相互作用机理；能够观察驱油剂在经过岩石孔隙后残留在岩石上的微观形态，更好地认识驱油剂与岩石的相互作用；能够观察驱油剂和油混合状态下的界面的微观形貌，对驱油剂和油的相互作用有更深入的认识[10]。

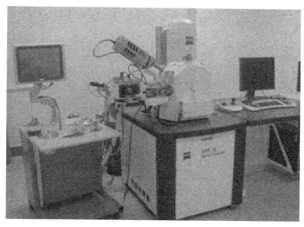

图 5-47　冷冻蚀刻扫描电镜

三、冷冻蚀刻扫描电镜在聚合物溶液微观形貌分析中的应用

（一）分析不同类型聚合物溶液微观聚集形态

利用冷冻蚀刻扫描电镜技术可以观测不同类型聚合物在水溶液中的微观聚集形态，通过对微观聚集形态差别的分析，可以研究不同类型聚合物的增黏机理。

图 5-48 和图 5-49 是常规线性驱油聚合物和"超高分"缔合聚合物在水溶液中微观聚集形态的观测结果，在相同的放大倍数（5000 倍）的条件下可知，两种聚合物都能够在水溶液中形成致密的网络结构，但线性聚合物在水溶液中形成的网

络结构要稀松一些，而"超高分"缔合聚合物由于在保持了较高分子量的同时引入了缔合单体，使分子链产生了相互的缔合作用，因此网络结构更致密，增黏性更好。

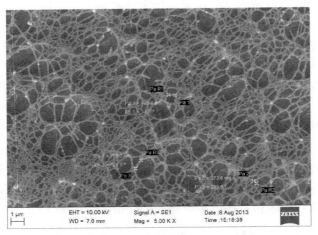

图 5-48　常规聚合物溶液微观聚集形态

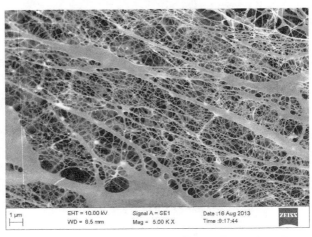

图 5-49　"超高分"疏水缔合聚合物微观聚集形态

(二)研究外部因素对聚合物溶液结构的影响

聚合物溶液的驱油性能和聚合物的表观黏度紧密相关，聚合物溶液的表观黏度又受到外部因素如盐、钙和镁离子及二价铁离子的影响，通过冷冻蚀刻扫描电镜技术可以从微观上进一步分析金属阳离子如何通过影响聚合物溶液的微观结构而影响聚合物的表观黏度，进而研究提高聚合物溶液表观黏度的方法。

1. 盐的加入对聚合物溶液微观聚集形态的影响

图 5-50～图 5-52 分别是在相同的放大倍数下，在蒸馏水条件、1000mg/L 的盐水条件和 10000mg/L 的盐水条件下常规线性聚合物溶液的微观聚集形态，通过对比可知，在蒸馏水中聚合物是无规则的网络结构，且网络结构较致密，在加入浓度为 1000mg/L 盐的条件下，盐对聚合物的微观聚集形态产生了很大影响，网络结构由无规则变成六边形的网络结构，且网络变得稀松，表明黏度明显降低；在加入盐的浓度为 10000mg/L 的条件下，聚合物溶液的网络结构变得更加稀松，表明聚合物的黏度进一步降低。

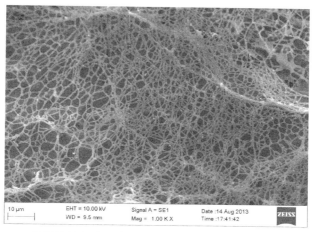

图 5-50　常规线性驱油聚合物在蒸馏水中的微观聚集形态(状态一)

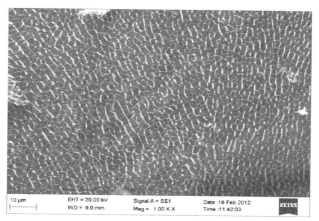

图 5-51　常规线性驱油聚合物在盐水(1000mg/L)中的微观聚集形态

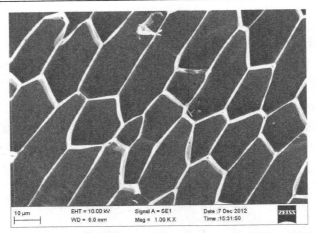

图 5-52　常规线性驱油聚合物在盐水(10000mg/L)中的微观聚集形态

2. Ca^{2+}、Mg^{2+}的加入对聚合物溶液微观聚集形态的影响

图 5-53 和图 5-54 是常规线性驱油聚合物在蒸馏水和在 Ca^{2+} 为 300mg/L 条件下的微观聚集形态，二者的对比可知，在加入 Ca^{2+}之后，对聚合物在水溶液总的网络结构产生了较大的破坏作用，使聚合物溶液中的分子链产生了卷曲，且和图 5-51 相比，Ca^{2+}对聚合物溶液的微观聚集形态比盐的影响更大，分子链卷曲更严重。

3. Fe^{2+}的加入对聚合物溶液微观聚集形态的影响

图 5-55 是常规线性驱油聚合物在含 Fe^{2+}的水中的微观聚集形态，由结果可知，Fe^{2+}对聚合物在水溶液中的结构破坏最大，在加入 10mg/L 的 Fe^{2+}后，聚合物在水溶液中产生了极大的卷曲，因此黏度会大幅度降低。

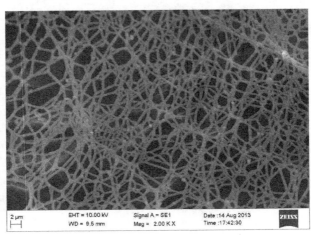

图 5-53　常规线性驱油聚合物在蒸馏水中的微观聚集形态(状态二)

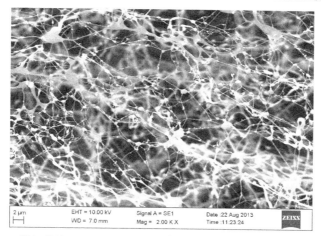

图 5-54　常规线性驱油聚合物在含 Ca^{2+}（300mg/L）的水中的微观聚集形态

图 5-55　常规线性驱油聚合物在含 Fe^{2+}（10mg/L）的水中的微观聚集形态

（三）研究新型聚合物在水溶液中的微观聚集形态

由于聚合物合成技术的不断发展，目前也合成出了一些新型的耐温抗盐聚合物，通过冷冻蚀刻扫描电镜技术可以对这些新型的聚合物的微观结构进行表征，深化对新兴聚合物增黏机理的认识。

1. 新型自组装超分子 RTS 驱油剂在水溶液中的微观聚集形态

超分子通常是指由两种或两种以上分子依靠分子间相互作用结合在一起，组成复杂的、有组织的聚集体，并保持一定的完整性，使其具有明确的微观结构和宏观特性，目前超分子已经应用在光化学、色谱和光谱学、分析化学等领域，但在驱油领域并没有相关报道，而对其在水溶液中的聚集形态研究更少，因此利用冷冻蚀刻扫描电镜可以研究超分子在水溶液中的微观聚集形态，进一步研究其增黏机理。

　　图 5-56、图 5-57 和表 5-8 分别是新型超分子 RTS 驱油剂和纯小分子 XF 在水溶液中的微观聚集形态和在水溶液中的黏度对比，由二者的比较可知，虽然两者都是小分子，但是由于 RTS 超分子能够在水溶液中形成较致密的网络聚集体，其具有很好的增黏性，可以作为驱油剂进一步提高原油采收率，而纯小分子 XF 无法在水溶液中形成致密的网络聚集体，因此在水溶液中没有黏度，无法作为驱油剂提高原油采收率。

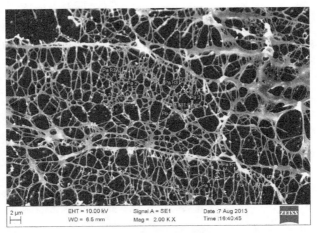

图 5-56　新型超分子 RTS 驱油剂在水溶液中的微观聚集形态

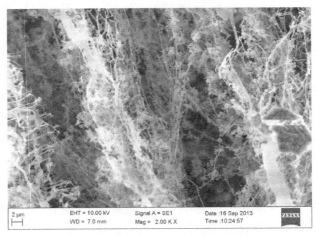

图 5-57　纯小分子 XF 在水溶液中的微观聚集形态

表 5-8　超分子 RTS 和纯小分子 XF 在水溶液中的黏度对比

驱油剂	黏度/(mPa·s)
纯小分子 XF	0.7
超分子 RTS	21.5

2. 黏弹性 B-PPG 颗粒在水溶液中的微观聚集形态

黏弹性 B-PPG 颗粒是通过多官能团引发、控制交联度，形成三维网络与高分子支化链共存结构。目前该新型驱油剂已经应用在胜利油田现场并且取得了良好的提高采收率效果。目前对黏弹性 B-PPG 颗粒的微观聚集形态的表征研究较少，因此利用冷冻蚀刻扫描电镜技术可以对 B-PPG 颗粒在水溶液中的微观聚集形态进行分析，研究其驱油机理。

图 5-58 为黏弹性颗粒 B-PPG 在水溶液中的微观聚集形态，由结果可知，黏弹性颗粒 B-PPG 在水溶液中呈现交联的网状结构，能够改善聚合物的黏弹性和耐温抗盐性，从而提高聚合物扩大波及的能力。

图 5-58　黏弹性颗粒 B-PPG 在水溶液中的微观聚集形态

第六节　多孔介质多次滤过实验

在化学驱过程中，聚合物驱油技术越来越成熟。但聚合物在向地层推进过程中，会受到机械剪切、吸附滞留等影响，从而造成聚合物的性能损失。

一方面，当高分子聚合物处于较大的水动力学应力场中，聚合物大分子在机械剪切的作用下或在地层多孔介质中流动时，受到机械剪切作用就会产生断链，发生严重的剪切降解，引起聚合物黏度的降低；另一方面，聚合物溶液流经多孔介质时，会受到岩石的吸附作用、孔喉的机械捕集及水动力学捕集作用，从而使一部分聚合物溶液滞留在岩石孔隙中。这对聚合物的驱油效果具有两面性：有利的一面是静电引力、氢键等物理化学作用所导致的聚合物在岩石孔隙表面的吸附滞留对提高采收率有利，这是因为吸附在岩石表面的聚合物分子对水相中的水分子、聚合物分子有较强的作用力，可降低水相的渗透率，达到控制聚合物流度的目的，同时封堵大孔道，在一定程度上扩大了波及体积，由此提高了原油的采收率；不利的一面则是化学剂在油层中滞留、吸附，降低了聚合物溶液的有效浓度，使其黏度减小、黏弹作用变弱，从而降低了洗油效率。聚合物在地层中的动态吸附滞留量的影响因素众多，如复杂的孔隙结构、聚合物自身的多重特性、聚合物溶液中含有的其他化学组分、聚合物溶液的注入速度、岩石表面与聚合物溶液间的相互作用、油层温度与压力等[11]。

　　因此，化学剂在油层中所受到的机械剪切以及在油层中的吸附滞留，是导致化学驱油剂到达油藏深部时性能损失的主要原因。该问题已严重地影响了化学驱的驱油效果。

　　针对以上问题，作者建立了聚合物在多孔介质中的多次滤过实验方法。该实验方法就是为考查聚合物在地下运移过程中黏度损失而建立的简便的方法。装置示意图见图 5-59。

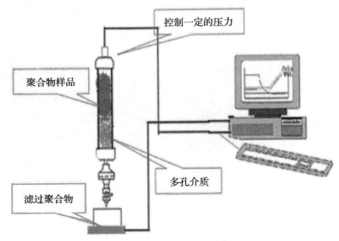

图 5-59　多孔介质多次滤过实验装置示意图

　　实验方法：将一定目数和数量的石英砂填充模型，加入聚合物溶液，对容器加一定的压力，在该压力下抽滤，先用聚合物溶液充分润湿石英砂，然后进行第一次抽滤，接出滤出的聚合物溶解并测试滤出液黏度，以此类推重复过滤 3 次，分别测试聚合物的初始黏度及 3 次过滤后聚合物黏度，并计算黏度保留率。

第七节　聚合物热稳定性评价技术

一、引言

为了发挥聚合物在提高采收率项目中的作用，在油藏条件下聚合物溶液必须在几年甚至许多年内保持其性质。如果在高温下存在溶解氧，不论是否有重金属氧化催化剂，所有提高采收率用的聚合物，其氧化降解都将占主导地位。为尽量减少氧化降解，建议采用特殊的非化学方法从聚合物溶液中除去溶解氧，以建立一个无氧体系。

特别说明：下面的实验方法将把聚合物水溶液密封于玻璃容器中，有时要将它们加热至明显高于水的沸点的温度，并在该温度下保持相当长的时间。如果玻璃容器存在裂纹或者温度过高，在这个温度下，水的蒸汽压可能会导致其内部压力升高到足以破损玻璃容器。为尽量减少安瓿破裂的概率，必须采取安全措施。这些安全措施包括在恒温箱和油浴上采用温度上限转换开关以及使用防止玻璃安瓿受到划伤和冲击的安瓿保护罩。如果确实会发生爆炸，还必须遵守额外的安全措施以保护实验室人员不被飞溅的玻璃和热液体伤害。还要特别小心防止产生气体的反应，因为增加的气体压力甚至在较低温度下也可能使安瓿破裂。应使用适当的安全设备(安全罩、安全眼镜、手套等)，以免发生爆炸事故时保护人员被刺伤和灼伤。

二、玻璃安瓿的密封

(一)仪器

为测定聚合物溶液的热稳定性，应使用如下仪器。

(1)硼硅酸盐玻璃安瓿——Ace 玻璃公司的产品(样本号 A2841-99：35mL 或与之相当的产品)；Fisher 科学公司的产品[样本号 10-269-78B：25mL；10-269-78C：50mL 或与之相当的产品，图 5-60(a)]，或定做的大容量安瓿[图 5-60(b)]。

(2)抽空管汇(图 5-61)。

(3)氮气，无氧或研究级的，用于冲洗抽空管汇。

(4)丙烷喷灯(Bernz-o-matic®，或与之相当的产品)，用于密封安瓿。

(5)温度控制装置，能在 ±1℃ (±1.8℉)范围内均匀地控制温度。必须遵守适用于特定装置的所有安全保护措施。在各种情况下，密封的安瓿都可以方便地以自然的位置存放。这里对样品予以周期性移动问题不做特殊规定。

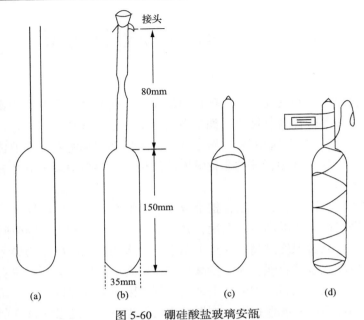

图 5-60　硼硅酸盐玻璃安瓿

(a)空的安瓿；(b)具有磨口接口和颈收缩结构的传统的安瓿(100mL)；

(c)充满和密封后的安瓿；(d)具有钢悬丝和区分标签的已密封的安瓿

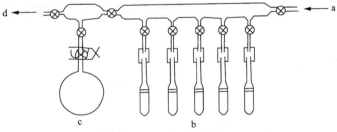

图 5-61　抽空管汇的排列

a-氮气瓶；b-已准备好火焰密封的安瓿；c-平稳瓶(3L)；d-真空泵和压力表

(二)步骤

(1)对每组实验条件(溶液组成、温度)，最少应准备 10 个安瓿(以进行 1 天、3 天、7 天、15 天、30 天、60 天、90 天、120 天、150 天和 180 天后的性质检验)。由于安瓿的体积比较小，如果岩心实验需要足够数量的老化溶液，则还须多准备一些的安瓿。将低氧含量的聚合物溶液注入经氮气冲洗过的安瓿，并在安瓿的颈部下方留出一些空间，以防止以后热膨胀时破裂。在安瓿中可以加入破碎的岩心物质和(或)原油，以便更接近所模拟的油田情况。但原油可能会增加气体的逸出，高温下增大了玻璃破碎的可能性。

　　(2)把注入了溶液的安瓿连接到抽空管汇上,并抽空至小于13.332Pa (0.1mmHg) (在抽空前可以把安瓿放入盐/冰或干冰/醇浴中冷却,以降低挥发性溶液组分的蒸汽压,但要避免凝结)。应使安瓿与3L抽空储罐平衡2～16h,然后用氮气使管汇恢复至大气压。重复操作几次,以便在密封前进一步降低溶解氧的含量。该步骤完成后,建议再平衡16h。

　　(3)平衡后,在管汇处于真空的状态下,在安瓿泡体上部38.1～50.8mm(1.5～2.0in)处用喷灯火焰烧熔安瓿的颈部,同时轻微地往下拉安瓿。进一步烧熔颈部的收缩部位并拉伸使之断开,同时继续加热使之在颈的尖端形成一个均匀的圆珠。用光亮的火焰使颈部退火。不要让溶液接触安瓿颈部的受热部位(在用火焰密封安瓿时,必须十分小心,以防把氧气又引入安瓿。如果在密封过程中抽空过的安瓿形成一个开口,氧就可能从周围大气或从火焰自身吸入到安瓿内)。

　　(4)将密封的安瓿冷却到室温,装上一个铜丝网和样品标签,然后放到温控装置中。

　　(5)在预期的老化时间后,从温控装置中取出一个或几个安瓿,冷却至室温。注意溶液中出现的任何可见的变化(悬浮固体的沉降、垢的形成、颜色改变、胶凝、相分离、脱水收缩等)。用三角锉在颈部划痕,并折断打开。

　　警告:戴上防护手套以防止被破碎玻璃割伤!

　　如果要测定溶解氧的含量,必须在手套袋或类似装置里打开安瓿并进行检测(一个或多个安瓿中氧含量反常可能能解释以后实验中出现的任何错误结果)。按本推荐方法其他章节的规定进行溶液性质的测定。

　　(三)数据报告

　　耐温耐盐聚合物溶液高温(热)稳定性以高温环境放置一定时间之后参数性质(黏度、水解度)的"保留百分数"表示,也可以将实际数据绘图。这些性质的最初和最终测定可以在室温或在相应地层温度的高温下进行。

参 考 文 献

[1] 韩飞雪. 聚丙烯酰胺水解度测定方法探讨[J]. 科学与财富, 2014, (6): 377-378.

[2] 窦立霞. 驱油用聚合物分析新方法研究[D]. 济南: 山东大学, 2005.

[3] 蒋生祥. 油田驱油用化学剂分析[M]. 合肥: 中国科学技术出版社, 2007.

[4] 曹宝格. 驱油用疏水缔合聚合物溶液的流变性及粘弹性实验研究[D]. 成都: 西南石油大学, 2006.

[5] 张磊. 驱油表面活性剂分子结构与界面扩张流变性能关系研究[D]. 北京: 中国科学院理化技术研究所, 2008.

[6] 张宏方, 王德民, 王立军. 聚合物溶液在多孔介质中的渗流规律及其提高驱油效率的机理[J]. 大庆石油地质与开发, 2002, (04): 57-60.

[7] 马士平. 聚合物水溶液的流动行为及其驱油作用[D]. 长春: 吉林大学, 2006.

[8] 汪夺. HPAM 溶液增粘方法研究及驱油效果评价[D]. 大庆: 东北石油大学, 2017.

[9] 程杰成, 王德民, 吴军政, 等. 驱油用聚合物的分子量优选[J]. 石油学报, 2000, 21 (1): 102-106.

[10] 李宜强, 曲成永. 水溶性聚合物在多孔介质中动态滞留量研究[J]. 石油钻采工艺, 2011, 33 (1): 76-79.

[11] 刘春泽. 粘弹性聚合物溶液在波纹管中的流动及对残余油膜的驱替机理[D]. 大庆: 大庆石油学院, 2004.